丹媛媛 / 著

二氧化铅基复合材料
复合共沉积制备及其性能、应用研究

ER'YANGHUAQIANJI FUHE CAILIAO
FUHE GONGCHENJI ZHIBEI JIQI
XINGNENG YINGYONG YANJIU

四川大学出版社

项目策划：杨　果
责任编辑：梁　平
责任校对：傅　奕
封面设计：璞信文化
责任印制：王　炜

图书在版编目（CIP）数据

二氧化铅基复合材料：复合共沉积制备及其性能、应用研究 / 丹媛媛著．— 成都：四川大学出版社，2019.12
ISBN 978-7-5690-3367-0

Ⅰ．①二⋯ Ⅱ．①丹⋯ Ⅲ．①铅－金属基－金属复合材料－研究 Ⅳ．① O646.54 ② TG147

中国版本图书馆 CIP 数据核字（2020）第 016027 号

书　名	二氧化铅基复合材料：复合共沉积制备及其性能、应用研究
著　者	丹媛媛
出　版	四川大学出版社
地　址	成都市一环路南一段24号（610065）
发　行	四川大学出版社
书　号	ISBN 978-7-5690-3367-0
印前制作	四川胜翔数码印务设计有限公司
印　刷	成都市新都华兴印务有限公司
成品尺寸	170mm×240mm
印　张	11.5
字　数	218千字
版　次	2020年5月第1版
印　次	2020年5月第1次印刷
定　价	58.00元

◆ 版权所有 ◆ 侵权必究

◆ 读者邮购本书，请与本社发行科联系。
　电话：(028)85408408/(028)85401670/
　　　　(028)86408023　邮政编码：610065
◆ 本社图书如有印装质量问题，请寄回出版社调换。
◆ 网址：http://press.scu.edu.cn

四川大学出版社
微信公众号

前 言

在当今材料科学的发展中,复合材料是新型材料的一个重要分支,因其具有许多比单相材料独特的物理机械性能,更可优化材料。复合电沉积是获得复合材料镀层的表面强化新工艺,所得镀层与许多单金属及合金相比,有较高的硬度,更好的耐磨性、自润滑性,有特殊的装饰外观及电接触、电催化等功能,扩展了材料的应用范围,延长了材料的使用寿命。与热加工制备的复合材料比较,以电沉积得到的复合镀层在一定程度上更易控制材料的组成和性能。

所谓复合电沉积,就是在电镀或化学镀溶液中加入非水溶性的固体微粒,使其与主体金属共沉积在基材上的涂覆工艺,所得到的镀层称为复合镀层。

二氧化铅(PbO_2)是一种被广泛应用的电极材料,具有高导电性、高化学稳定性、良好的耐蚀性、可通过大电流、价格低廉等优点。若能将一些具有特定功能的纳米微粒均匀分散在 PbO_2 基质中,由于纳米微粒与 PbO_2 之间的协同效应,可制备出一些具有特殊性能的 PbO_2 基纳米复合电极材料。

本书主要对复合共沉积 PbO_2 基纳米复合电极材料的沉积机理、沉积条件、沉积影响因素、材料的性能及应用展开介绍。全书共 8 章,大体上可分为以下 3 个部分:第 1 部分包括第 1~3 章,介绍 PbO_2 基纳米复合电极材料的基本概念和基础理论;第 2 部分包括第 4~7 章,主要介绍几种 PbO_2 基纳米复合电极材料的制备、性能及应用;第 3 部分为第 8 章,对该技术未来的发展方向和应用前景做出了评述与展望。特别需要说明的是,由于此领域文献众多,初入此领域者难免会有该选读何种文献的困惑,故笔者已将一些重要及经典的文献择出,并加以说明,置于每章后面的参考文献部分。

感谢国家自然科学基金(No. 51502117)、江苏省自然科学基金(No. BK20130460)以及江苏省镇江市重点研发计划(社会发展)(No. SH2017051)对本课题研究工作及本书出版工作所提供的经费支持。

笔者深知自己才疏学浅，对 PbO_2 基复合材料的研究仅可做到管中窥豹，且鉴于时间与精力有限，成稿仓促，书中难免会有错误与疏漏之处，望读者不吝指出，笔者将不胜感激。

著 者
2019 年 11 月于江苏科技大学

目 录

第1章 概论 (1)

1.1 PbO_2电极材料概述 (2)
1.1.1 PbO_2电极材料的研究现状及发展 (2)
1.1.2 PbO_2电极材料的结构与性能 (3)
1.1.3 PbO_2材料的制备机理 (3)
1.1.4 PbO_2电极材料的应用研究 (5)
1.1.5 PbO_2基纳米复合材料的研究进展 (9)

1.2 几种纳米过渡金属氧化物的性质与应用 (10)
1.2.1 纳米Co_3O_4 (10)
1.2.2 纳米Mn_3O_4 (13)
1.2.3 纳米WO_3 (17)
1.2.4 纳米SnO_2 (19)

1.3 纳米材料在复合镀技术中的应用 (22)
1.3.1 耐磨减摩纳米复合镀层 (22)
1.3.2 耐高温纳米复合镀层 (23)
1.3.3 耐蚀纳米复合镀层 (23)
1.3.4 其他纳米复合镀层 (24)

参考文献 (24)

第2章 复合电沉积法 (38)

2.1 引言 (38)
2.2 金属电沉积的理论基础 (39)
2.2.1 电铸的基本原理 (39)

2.2.2 金属电结晶及其主要形式 （40）
2.2.3 合金电电沉积的基本条件 （42）
2.3 复合电沉积机理 （43）
2.3.1 复合电沉积机理概述 （43）
2.3.2 几种机理的提出 （45）
2.3.3 Guglielmi 模型 （47）
2.3.4 MTM 模型 （50）
2.3.5 其他机理方面的研究概述 （51）
2.4 纳米复合电铸机理 （54）
2.4.1 基于力作用的纳米复合电铸动力学模型 （54）
2.4.2 磁场辅助条件下纳米复合电铸动力学模型的建立 （56）
参考文献 （58）

第3章 复合电沉积的影响因素 （61）
3.1 引言 （61）
3.2 颗粒特性 （61）
3.2.1 粒径 （61）
3.2.2 导电性 （61）
3.2.3 润湿性 （62）
3.2.4 晶型结构 （62）
3.3 镀液组成 （62）
3.3.1 微粒浓度 （62）
3.3.2 表面活性剂 （65）
3.3.3 共沉积促进剂 （65）
3.3.4 光亮剂和整平剂 （66）
3.3.5 某些特殊物质 （66）
3.4 工艺条件 （68）
3.4.1 固体颗粒的预处理 （68）
3.4.2 镀液温度 （68）

3.4.3　沉积电流/电位密度 …………………………………………（69）
3.4.4　搅拌方式及强度 ……………………………………………（73）
3.4.5　施镀时间 ……………………………………………………（75）
3.5　其他因素 …………………………………………………………（75）
参考文献 …………………………………………………………………（75）

第4章　Co_3O_4/PbO_2复合电极材料的制备及其电化学性能 …（80）
4.1　引言 ………………………………………………………………（80）
4.2　Co_3O_4/PbO_2复合电极的制备 …………………………………（81）
4.3　Co_3O_4/PbO_2复合电极的结构、组成与形貌分析 ……………（81）
4.4　伏安电量分析 ……………………………………………………（84）
4.5　Co_3O_4/PbO_2复合电极材料催化活性的研究 …………………（86）
　4.5.1　Co_3O_4/PbO_2复合电极材料的析氧性能 …………………（86）
　4.5.2　Co_3O_4/PbO_2复合电极材料的催化氧化苯酚性能 ………（89）
4.6　Co_3O_4/PbO_2复合电极材料的赝电容性能研究 ………………（92）
参考文献 …………………………………………………………………（96）

第5章　WO_3/PbO_2复合电极材料的制备及其电化学性能研究 …………（99）
5.1　引言 ………………………………………………………………（99）
5.2　纳米WO_3与PbO_2复合共沉积过程研究 ………………………（100）
5.3　WO_3/PbO_2复合电极材料的制备 ………………………………（102）
　5.3.1　恒压制备 ………………………………………………………（102）
　5.3.2　恒流制备 ………………………………………………………（102）
5.4　WO_3/PbO_2复合电极的结构、组成与形貌分析 ………………（103）
　5.4.1　恒压制备的WO_3/PbO_2复合电极的结构、组成与形貌分析 …（103）
　5.4.2　恒流制备的WO_3/PbO_2复合电极的结构、组成与形貌分析 …（106）
5.5　WO_3/PbO_2复合电极材料析氧性能的研究 ……………………（111）
5.6　WO_3/PbO_2复合电极材料赝电容性能的研究 …………………（112）
5.7　混合超级电容器的组装及性能测试 ……………………………（117）

参考文献 ……………………………………………………………………（120）

第6章　SnO_2/PbO_2复合电极材料的制备及其电化学性能研究 ………（122）
6.1　引言 ……………………………………………………………………（122）
6.2　SnO_2/PbO_2复合电极材料的制备 …………………………………（123）
6.3　SnO_2/PbO_2复合电极的结构、组成与形貌分析……………………（123）
6.4　SnO_2/PbO_2复合电极材料析氧性能的研究 ………………………（126）
6.5　SnO_2/PbO_2复合电极材料赝电容性能的研究 ……………………（127）
参考文献 ……………………………………………………………………（132）

第7章　Mn_3O_4/PbO_2复合电极材料的制备及其电化学性能研究 ……（134）
7.1　引言 ……………………………………………………………………（134）
7.2　Mn_3O_4/PbO_2复合电极材料的制备 ………………………………（135）
7.3　Mn_3O_4/PbO_2复合电极的结构、组成与形貌分析…………………（135）
7.4　Mn_3O_4/PbO_2复合电极材料析氧性能的研究 ……………………（138）
7.5　Mn_3O_4/PbO_2复合电极材料赝电容性能的研究 …………………（139）
参考文献 ……………………………………………………………………（145）

第8章　多功能电沉积复合材料的研究现状与展望 ……………………（148）
8.1　研究现状与挑战 ………………………………………………………（148）
　　8.1.1　高硬度、耐磨复合镀层 ………………………………………（149）
　　8.1.2　自润滑复合镀层 ………………………………………………（153）
　　8.1.3　具有电接触功能的复合镀层 …………………………………（157）
　　8.1.4　耐蚀、装饰功能的复合镀层 …………………………………（160）
　　8.1.5　电催化复合镀层 ………………………………………………（162）
　　8.1.6　其他功能的复合镀层 …………………………………………（164）
8.2　未来的研究方向与发展前景 …………………………………………（165）
参考文献 ……………………………………………………………………（166）

第 1 章　概论

材料是经济、军事和科技发展的物质基础,与信息和能源构成了现代文明的三大支柱。其中,纳米复合功能材料是应现代科学技术发展涌现出的,具有强大的生命力的材料。它是根据使用条件的要求,通过一定的工艺方法,将多元材料合而为一,从而制成的既能保留原有材料组分的特性,又可以克服组分材料的不足,还能显示出某些新性能的材料。纳米复合功能材料通常具有气敏、磁性、电容、电导性和催化活性等特性,在信息、能源、电子、冶金、宇航、化工、机械、生物和医学等领域有着广阔的应用前景。

目前,纳米复合功能材料大致可分为金属/金属氧化物基复合功能材料、陶瓷基复合功能材料和聚合物基复合功能材料三大类。金属/金属氧化物基复合功能材料与陶瓷基、聚合物基复合功能材料相比,其制备原料通用而易得;弹性模量高,耐热性高,强度高,还可以通过各种工程途径来进行强化;塑性、韧性好,是强而韧的材料;电、磁、光、热等性能好,有应用于多功能复合材料的发展潜力。

金属/金属氧化物基体的品种繁多,正确地选择基体种类及成分,才能与增强体有效复合,并发挥基体金属和增强材料的性能特点,以优异的综合性能来满足使用要求。二氧化铅(PbO_2)具有高导电性、高化学稳定性、良好的耐蚀性、可通过大电流、价格低廉等优点,不仅是一种理想的金属基体材料,也是一种被广泛应用的电极材料[1]。若能将功能纳米材料均匀分散在PbO_2基质中,可进一步提高PbO_2良好的性能,同时PbO_2也可以促进与其相复合的功能材料的电化学性能。因此,PbO_2基复合材料将会在电催化和储能等方面具有很大应用价值。

1.1 PbO_2电极材料概述

1.1.1 PbO_2电极材料的研究现状及发展

PbO_2最早在1934年作为铂电极的代用电极，应用在过氯酸盐生产中，1943年完成工业化生产[2]。20世纪40年代初期，PbO_2电极没有基体，被机械加工成板状电极。此时，PbO_2板状电极存在许多问题：电极畸变大，脆性大、易损坏；机械加工难，成品率低；接触电阻大，导致导电性差；电极重量大，成本高。

在PbO_2电极的早期改进中，是将PbO_2电沉积在铂等金属或石墨、塑料、陶瓷等非金属表面上[3-4]。这些电极由于PbO_2镀层有各种缺陷，如多孔、镀层不均匀和附着力差等，在电化学过程中常常变得不稳定。之后，研究人员发现钛（Ti）是一种耐腐蚀、重量轻、强度大、机械加工性能好的金属材料，且其膨胀率与PbO_2接近，会减少温度引起的镀层剥落现象。Ti具有价格低廉、良好的机械性能和耐腐蚀性能，是一种理想的、具有工业应用前景的材料。因此，Ti是一种适宜做PbO_2电极基体的金属。目前，PbO_2电极广泛使用Ti板和Ti网作为基体。但是，与一般使用的材料相比，Ti在作为阳极基体时，在电沉积过程中容易发生钝化，阻碍沉积物连续生长，因而Ti在应用中受到限制[5]。

为了进一步提高Ti基PbO_2电极的结合力、导电性和耐腐蚀性，研究人员对Ti基体进行了进一步改进。Tan等人[6]将PbO_2沉积在Ti纳米管（NT）基体上，并将NT/PbO_2用于有机废水处理。结果表明，与Ti/PbO_2相比，NT/PbO_2去除有机污染物的效率更高。Zhao等人[7]在Ti板上制备出Ti纳米管修饰基体表面，然后将PbO_2沉积其上制备成Ti/TiO_2-NTs/PbO_2电极和掺杂氟树脂的Ti/TiO_2-NTs/PbO_2-FR电极，并与Ti/PbO_2电极和BDD电极进行了对比研究，研究发现改性后的Ti/TiO_2-NTs/PbO_2和Ti/TiO_2-NTs/PbO_2-FR电极比BDD电极导电性更好，对有机物的氧化能力更强。在Ti基体上增加中间层，形成Ti基体/中间层/PbO_2，也是Ti基二氧化铅电极修饰和改性的方法之一。中间层的增设主要有两个目的：①阻止高电阻TiO_2的生成；②改善PbO_2镀层与Ti基体的结合力。通常，铂和氧化钯、银、铅银合金、锡锑氧化物等是较为有效的中间层。Andrade等[8]研究发现，Ti-Pt/β-PbO_2-Fe-F电极对染料

BR-19 的电解氧化去除率比 Nb/BDD 电极要高 10% 左右。Yang 等人[9]成功制备 Ti/SnO$_2$-Sb$_2$O$_3$-Nb$_2$O$_5$/PbO$_2$ 电极,并利用该电极在含有 21.3 g/L 氯化物的 0.50 g/L 苯酚溶液中,对苯酚进行电解氧化,其苯酚去除率可高达 97.2%。

1.1.2 PbO$_2$ 电极材料的结构与性能

PbO$_2$ 主要存在两种结构:α-PbO$_2$ 和 β-PbO$_2$[10-12]。α-PbO$_2$ 具有铌铁矿斜方晶系结构,其空间群为 $Pbcn$(V_h^{14});而 β-PbO$_2$ 是金红石型四方晶系结构,属于 $P4/mnm$(D_{4h}^{14})空间群。在一定的条件下,α-PbO$_2$ 与 β-PbO$_2$ 二者之间可以相互转化。研究发现,在压力为 ~125000 PSIG 时,β-PbO$_2$ 可以转化为 α-PbO$_2$[13];在温度 296~301℃ 之间时,α-PbO$_2$ 可以转化为 β-PbO$_2$[14]。

α-PbO$_2$ 与 β-PbO$_2$ 二者结构上的不同决定了其性质有所差别,表 1-1 列出了 α 型和 β 型的 PbO$_2$ 的某些性能[21]。α-PbO$_2$ 表面比较致密,比表面积较小,活性和稳定性较低;而 β-PbO$_2$ 则表面较疏松,有较大的比表面积,化学活性和稳定性较高[15-16]。PbO$_2$ 是非计量化合物 PbO$_{1.95}$~PbO$_{1.98}$,其导电性取决于 Pb 的过剩量,过剩 Pb 越多,导电性越好[17-18]。与 β-PbO$_2$ 相比,α-PbO$_2$ 的氧缺失量和 Pb 过剩量略多,所以导电性也较 β-PbO$_2$ 略好[19]。Devilliers 等[20]也曾研究发现,α-PbO$_2$ 与 β-PbO$_2$ 在循环伏安测试中,不但有着相似的氧化峰和还原峰,而且电流相差不大。

表 1-1 α-PbO$_2$ 与 β-PbO$_2$ 的性能

PbO$_2$	放电容量 (A·h/g)	密度 (g/cm^3)	盐水电解		电极消耗量 (g/kA·h)
			阳极电位(70 ℃)(V vs. SCE)		
			1 (A/dm^2)	2 (A/dm^2)	
α 型	0.041	9.86	1.11	1.34	0.48
β 型	0.133	9.70	1.20	1.54	0.016

1.1.3 PbO$_2$ 材料的制备机理

最早在 1967 年,Fleischmann 等[22]便提出了 PbO$_2$ 电极材料的制备机理,Johnson 等[23-25]对理论进行了详细的描述。Johnson 等认为 H$_2$O 在电极表面形成吸附态的羟基自由基(OH$_{ads}$),然后 Pb^{2+} 同 OH$_{ads}$ 结合形成可溶性的中间产物 Pb(OH)$_2^{2+}$,最后转化成 PbO$_2$。其反应机制如下:

$$OH^- \rightarrow OH_{ads} + e^- \qquad (1-1)$$

$$Pb^{2+} + OH_{ads} + OH^- \rightarrow Pb(OH)_2^{2+} + e^- \qquad (1-2)$$

$$Pb(OH)_2^{2+} \rightarrow PbO_2 + 2H^+ \qquad (1-3)$$

Campbell 和 Peter[26]曾提出在 PbO_2 生成的反应过程中，先产生 Pb^{3+} 中间产物，而后该中间产物被氧化为 Pb^{4+}，其反应机制如下所示：

$$Pb(CH_3COO)_2 \rightarrow Pb(CH_3COO)_2^+ + e^- \qquad (1-4)$$

$$2Pb(CH_3COO)_2^+ + 2HCOOH \rightarrow Pb(COOH)_2 + Pb(CH_3COO)_2^{2+} + 2H^+ + 2e^- \qquad (1-5)$$

$$Pb(CH_3COO)_2^{2+} + 2H_2O + 2e^- \rightarrow PbO_2 + 2CH_3COOH \qquad (1-6)$$

但是，Campbell 和 Peter 二人未能证明 Pb^{3+} 的存在。随后，Velichenko 等人对 PbO_2 的沉积机理做了进一步的研究。Velichenko 等[27-28]认为 Pb^{2+} 与 OH^- 形成配合物 $Pb(OH)^+$，被吸附到电极上，得到 $Pb(OH)_{ads}^+$，然后 $Pb(OH)_{ads}^+$ 再与 OH^- 结合，逐步被氧化至 PbO_2。其反应机制如下所示：

$$H_2O \rightarrow OH_{ads} + H^+ + e^- \qquad (1-7)$$

$$Pb^{2+} + OH_{ads} \rightarrow Pb(OH)^{2+} \qquad (1-8)$$

$$Pb(OH)^{2+} + H_2O \rightarrow PbO_2 + 3H^+ + e^- \qquad (1-9)$$

任秀斌等采用恒电位方法制备了不同颗粒尺度涂层的 $Ti/SnO_2 + Sb_2O_5/PbO_2$ 电极，对不同条件制备的 $Ti/SnO_2 + Sb_2O_5/PbO_2$ 分别进行了 XPS、XRD、SEM 分析，在此基础上提出了电沉积制备 PbO_2 电极的立体生长机理[29]。反应机制如下：

$$H_2O \rightarrow OH_{ads} + H^+ + e^- \qquad (1-10)$$

$$OH_{ads} + Pb^{2+} \rightarrow O\text{-}Pb^+ + H^+ \qquad (1-11)$$

$$O\text{-}Pb^+ + H_2O \rightarrow O\text{-}Pb(OH) + H^+ \qquad (1-12)$$

$$O\text{-}Pb(OH) \rightarrow 2PbO + OH_{ads} \qquad (1-13)$$

$$PbO + H_2O \rightarrow PbO_2 + 2H^+ + 2e^- \qquad (1-14)$$

首先，水电解生成吸附的羟基自由基（1-10），而后 Pb^{2+} 与吸附的羟基自由基发生反应（1-11），使 Pb^{2+} 与氧结合沉积在电极表面上（1-12）开始晶体生长。吸附在电极表面上的铅氧化物晶体不断生长直至 PbO 形成（1-13），最后生成 PbO_2（1-14）。随着 PbO 不断生成，同时在电极涂层内部也发生着 PbO 到 PbO_2 氧化，这个过程中可能是同结合的水发生了氧的转移。就是说，在电极的外部当有大量的水存在时候，电极上首先发生的是羟基自由基（·OH）

的吸附。由于溶液中存在大量的铅离子和 H_2O,因此铅在电极表面上的生长更容易,所以在电极表面优先发生反应(1-10~1-13)。当电极表面的 PbO 生长到一定厚度的时候,电极内部的二价氧化铅很难同外部 Pb^{2+} 和大量的水接触,在高电位下,电子转移只能通过反应(1-14)发生。

上述机理为我们制备新型 PbO_2 基纳米氧化物复合功能电极材料提供了理论基础。

1.1.4 PbO_2 电极材料的应用研究

1.1.4.1 PbO_2 在电催化氧化方面的应用

PbO_2 中铅处于最高价(Pb^{4+}),所以它具有很强的氧化性;其电阻率仅为 $4\times10^{-5}\sim5\times10^{-5}\ \Omega\cdot cm$,是一种比汞和钛还好的导电体;$PbO_2$ 化学催化性和耐腐蚀性好,可作为贵金属铂的替代物。由于以上原因,使得 PbO_2 在电解工业中成了一种不可或缺的阳极材料。

PbO_2 作为阳极材料,在电催化氧化中的应用主要有以下几个方面。

1. 电解氧化合成有机化合物

在卤仿制备中,用 PbO_2 电极代替铂电极效果较为理想,其电流效率可达 80%~90%,转化率可达 98%~99%,产品纯度可达 99.5%~99.9%[30]。Abaci 等[31]曾分别利用 α 型和 β 型 PbO_2 电解合成苯醌,有效地提高了其电流效率,降低了能耗。Nakamura 等[32]发现 PbO_2 在环丙烷开环生成 β-氨基酯的反应中,具有高化学选择性。

2. 电解制备臭氧

电解制造臭氧时需要使用析氧过电位高的电极材料,一般采用 Pt 作为阳极材料。PbO_2 的析氧电位接近铂电极,取代铂电极用于臭氧的生产,可以提高电流效率,获得良好的经济效益[33]。有研究[34]表明掺杂 Co 的 PbO_2 电极相比纯相的 PbO_2 电极稳定性提高,同时,当镀液中含有 Fe 离子时,所得的复合电极材料的催化活性与稳定性都有提高,生成臭氧时的电流效率高达 20%。

3. 卤酸盐工业

PbO_2 电极在卤酸盐工业上的应用已久,被广泛应用于次氯酸盐、氯酸盐和高氯酸盐等含氧化合物的生产[35],同时,生产溴酸盐和碘酸盐也是比较成熟的技术[36]。

4. 电解冶金

PbO_2 电极耐 H_2SO_4 腐蚀，适宜在 Zn、Cu、Ni、Co 等硫酸盐电解液中提炼金属[37-38]。

5. 废水处理

利用 PbO_2 电极通过电解氧化法处理难生物降解有机废水。近年来，通过对 PbO_2 电极进行改进，在降解效率和使用寿命方面都有了较大提高[39-40]。Xiang 等[6]利用 NT/PbO_2 和 Ti/PbO_2 电极对含 4-氯酚的废水进行电氧化降解，pH 为 2.5 时，其 TOC 去除率可分别达到 60.4% 和 57.3%。Wang 等[41]研究了 F 掺杂 PbO_2 电极对于苯胺电化学降解过程，表明 F 掺杂 PbO_2 电极后 PbO_2 电极的电流效率、去除率都有了较大提高。Xia 等[42]将 Al 掺杂到 PbO_2 电极中，发现 Al 掺杂可以使 PbO_2 电极的析氧过电位从 1.6 V 提高到 1.8 V，节能 33.74%。Zhao 等[7]在 PbO_2 薄膜和 Ti 基体之间引入 TiO_2 纳米管层，通过在 PbO_2 薄膜中加入氟树脂改性电极表面，得到高析氧过电位（2.5 V vs. SCE），这个电化学性能与掺硼金刚石电极相似。Duan 等[43]针对 PbO_2 电极稳定性高、析氧过电位高、SnO_2 阳极材料电催化活性高等优点，研制了一种新型的 PbO_2/SnO_2 复合阳极。与其他 PbO_2 电极相比，PbO_2/SnO_2 电极具有更高的析氧电位、更强的直接氧化能力和·OH 生成能力，显示出更好的电化学活性。Tong 等[44]利用掺杂 PTFE 的 $Ti/\beta-PbO_2$ 电极和 4-氯酚有机废水，研究结果表明，该电极在电氧化过程中具有很高的稳定性及电催化活性，在废水处理中具有很大的潜在应用价值。

1.1.4.2 PbO_2 在析氧方面的应用

高导电性、高化学稳定性、耐蚀性、价格低廉等优点，使 PbO_2 适宜作为阳极材料在电解析氧反应中使用[45]。Mcgeachin 在 1968 年便对 α 型和 β 型 PbO_2 在水溶液中电解析氧反应进行了研究[46]。水电解的阳极析氧是一个高度不可逆的电化学反应。PbO_2 具有较高的过电位，这会导致水电解的能耗较大。近年来，降低 PbO_2 析氧过电位，减少其在水电解生产中的能耗，是该领域内研究的重点。很多研究人员通过阳极表面修饰和添加法对 PbO_2 进行了改性。于德龙等[47]曾报道在加有添加剂的电解液中制备的 PbO_2 电极，具有较高的比表面积，且在酸性溶液中析氧的催化活性明显提高了，从而使 PbO_2 电极的析氧过电位得到了降低。Larew 等[48]制备了掺杂 Bi 的 PbO_2，发现电极表面的 Bi^{5+} 离子活性点，降低了 O_2 在电极表面的析出电位。Huet 等[49]制备了掺杂

Co 和 Ru 的 PbO_2 电极，并与纯 PbO_2 电极进行了对比研究，结果表明，PbO_2 + Co_3O_4 和 PbO_2 + RuO_2 电极具有更高的电催化活性和较低的析氧过电位。

1.1.4.3　PbO_2 在储能方面的应用

1. 铅酸电池

法国人普兰特于 1859 年发明铅酸蓄电池，已经历了 160 多年的发展历程。铅酸蓄电池的两极由铅及其氧化物制成，电解液是硫酸溶液。放电状态下，正极主要成分为二氧化铅，负极主要成分为铅；充电状态下，正负极的主要成分均为硫酸铅。

电极反应式为：

$$\text{充电：} 2PbSO_4 + 2H_2O = PbO_2 + Pb + 2H_2SO_4 \text{（电解池）} \tag{1-15}$$

$$\text{阳极：} PbSO_4 + 2H_2O - 2e^- = PbO_2 + 4H^+ + SO_4^{2-} \tag{1-16}$$

$$\text{阴极：} PbSO_4 + 2e^- = Pb + SO_4^{2-} \tag{1-17}$$

$$\text{放电：} PbO_2 + Pb + 2H_2SO_4 = 2PbSO_4 + 2H_2O \text{（原电池）} \tag{1-18}$$

$$\text{负极：} Pb + SO_4^{2-} - 2e^- = PbSO_4 \tag{1-19}$$

$$\text{正极：} PbO_2 + 4H^+ + SO_4^{2-} + 2e^- = PbSO_4 + 2H_2O \tag{1-20}$$

由于成本低、可重复充电和容易构建，铅酸蓄电池在交通、通信、电力、军事、航海、航空等各个领域都起到了不可或缺的重要作用。根据铅酸蓄电池不同的结构与用途，可将其粗略地分为四大类：

（1）起动用铅酸蓄电池；

（2）动力用铅酸蓄电池；

（3）固定型阀控密封式铅酸蓄电池；

（4）其他类，包括小型阀控密封式铅酸蓄电池、矿灯用铅酸蓄电池等。

经过 100 多年的研究，铅酸蓄电池无论在理论研究方面，还是在产品种类、性能等方面都得到了长足的进步。目前，提高铅酸电池的电容量、循环寿命和可充电性是其研究重点[50-51]。Das 和 Mondal[52]通过电沉积的方法制备了 PbO_2 电极，发现 PbO_2 电极的电化学有效面积的增大，导致其电容量提高。Ghasemis 等[53]利用脉冲电流法制备了不同形貌的 nano-PbO_2 电极，其研究结果表明，nano-PbO_2 电极的容量随其比表面积的增大而增大。

2. 超级电容器

超级电容器是 20 世纪七八十年代开始发展的，介于传统电容器和电池之间的新型储能器件，在储能、高功率脉冲电源和后备电源等诸多领域具有广泛的应用前景[54]。根据电化学电容器储存电能的机理的不同，可以将它分为双电层电容器、赝电容器和混合电容器。双电层电容器[55]电极通常由具有高比表面积的活性炭粉末、活性炭纤维等多孔炭材料组成；赝电容器[56]是由金属氧化物电极构成，金属氧化物的电极表面会发生高度可逆的化学吸附、脱附或氧化、还原反应，从而产生和电极充电电位有关的电容；而混合超级电容器[57]是将金属氧化物作为阳极，活性炭材料作为阴极构成的电容器。

目前金属氧化物基电容器研究最为成功的电极材料主要是 RuO_2[58]，但是由于贵金属的资源有限且价格过高，所以其应用范围受到限制，无法普及应用。PbO_2 的价格低廉、导电性好、化学稳定性高，可取代 RuO_2 作为阳极材料应用在超级电容器中。PbO_2 电极可以在电解质为 H_2SO_4 溶液的混合超级电容器中作为阴极使用。用活性炭（AC）电极来取代铅酸电池中的 Pb 阴极组成 PbO_2/AC 硫酸系统，这样可以提高铅酸电池的性能和寿命，并且更加经济。由于充放电的机理不同，PbO_2 具有的电容值要比 AC 的更高。由于充放电平衡和电力需量的要求，过去用于商业化电池中的 PbO_2 不适于用在 PbO_2/AC 混合电容器中。因此，有学者采用电化学沉积方法制备 PbO_2 薄膜电极用于这种混合电容器中。制备 PbO_2 薄膜电极的电化学方法很多，包括恒流法、恒压法、脉冲法和循环伏安法，其中脉冲法制备的 PbO_2 电极具有非常好的电化学性质。Burke 等人[59]曾提出将 PbO_2 作为阳极材料，活性炭 AC 作为阴极材料，电解质溶液与铅酸电池相同，组成一个类似铅酸电池的超级电容器，该电容器不但具有高能量密度，且成本大大降低。随即，Yu 等[60-61]便对 PbO_2/AC 混合超级电容器做了进一步研究，研究表明该电容器具有较好的比电容性质、较高的能量密度和循环稳定性。但是，由于 PbO_2 电极材料需要在强酸介质（一般为 1.28 g/L）中才能表现出其最佳的电容性能，所以此类电容器在使用时存在很大的安全性问题，而且 PbO_2 电极材料的电容性能也需要进一步提高。Kazaryan 等人研究发现，在 PbO_2 | H_2SO_4 | C 电容器的电解液中加入 Fe^{2+}、Fe^{3+}、Mn^{2+}、Ti^{3+} 离子，可减少电容器放电时的能量损失[62-63]。

3. 超级铅酸电池

超级铅酸电池是将超级电容器与铅酸电池并联使用，将双电层电容器的高比功率、长寿命的优势融合到铅酸电池中。超级铅酸电池的结构简单、易操作，其结构如图 1-1 所示。在同一电解池中，正极板为铅酸电池与超级电容器共同使用，而铅负极与超级电容器的负极并联使用即可。这种并联的负极结构，大幅度改善了常规铅酸蓄电池的比功率，使铅酸电池具备了快速大电流充放电的性能。并且由于超级电容器储能的贡献，减少了电池的放电深度，这样便可大大减少铅板表面的硫酸盐化现象，从而延长铅酸电池的使用寿命。目前，对超级铅酸电池的研究主要为[64-65]：①碳负极与铅负极的复合；②碳负极材料电容性能的提高；③对其他适合于硫酸电解液的高性能电容材料的开发与应用。

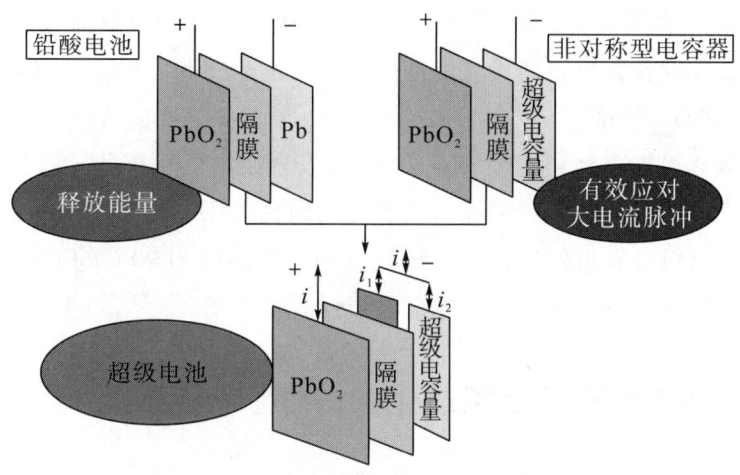

图 1-1　超级铅酸电池结构示意图[66]

1.1.5　PbO_2 基纳米复合材料的研究进展

PbO_2 基复合材料一般是在电沉积二氧化铅时添加某些外来离子或粒子，从而制备生成，这些离子和颗粒主要包括 F^-、Bi^{3+}、Fe^{3+}、Co^{2+}、Ce^{3+}、Ru^{3+}、Co_3O_4、RuO_2、Al_2O_3 和 TiO_2 等。这些 PbO_2 基复合材料通常具备比 PbO_2 电极材料更好的电催化活性和稳定性。

阴离子 F^- 的掺杂取代了 PbO_2 中的 O，能够使 PbO_2 在电极表面的沉积速度降低，细化镀层晶粒，提高镀层的致密性，使镀层应力降低，提高电极的稳定性[67-68]。在 1987 年，Yeo 和 Johnson[69]报道了掺 Bi^{3+} 离子的 Bi-PbO_2 复合电极材料，该材料与纯 PbO_2 电极材料相比，析氧活性和化学稳定性都得到了很大的提高。随后，Nielsen[70]、Larew[48]、Kawagoe[71]、Popovié[72]、Feng[73]等相继对 Bi-PbO_2 复合材料的结构、性能、制备条件、沉积模型等方面进行了研究。Feng 和 Johnson[74]发现，在含有 1 mol/L HCl + 5 mmol/L Pb(NO_3)$_2$ + (0~8 mmol/L) Fe(NH_4)$_2$(SO_4)$_2$·$6H_2O$ 镀液中制备的 Fe-PbO_2 复合电极材料，在碱性溶液中对氰化物催化氧化活性比 Bi-PbO_2 的高。Ai 等的研究结果表明，纳米 Ce-PbO_2 复合电极材料表面活性位点多，能提高阳极水分解产生羟基自由基的速度,从而提高阳极氧转换反应的速率[75]。Ru^{3+}和 RuO_2 粒子掺杂制备后的 PbO_2+RuO_x 和 PbO_2+RuO_2 复合物,与纯 PbO_2 材料相比,具备更高的析氧活性,但是其镀层比较疏松,与 Ti 基体的结合力较差[76]。Cattarin[77]和 Velichenko[78]等分别研究制备了掺杂 Co^{2+}、Co_3O_4 粒子的复合物 PbO_2+CoO_x、$PbO_2+Co_3O_4$ 具有高导电性和良好的析氧活性,同时还具有较长的使用寿命。HUET 等[50]对制备出的几种阳极材料进行析氧催化活性实验,发现各类材料的析氧活性由大到小的顺序为:$PbO_2+RuO_2 = PbO_2+Co_3O_4 > PbO_2+CoO_x > PbO_2$。Casellato 等[79]制备了掺杂 Al_2O_3 和 TiO_2 惰性颗粒的二氧化铅复合物,通过 SEM 和 EDX 发现,颗粒外和内(靠近基体)的表面形貌大不相同,前者较粗糙,后者光滑致密。Cai 等[80]的研究发现 PbO_2+TiO_2 复合材料具有很好的韧性,该复合物可在温度为 90℃ 的 H_2SO_4 介质中使用,镀层不会从基材剥落,而是自然损耗。

1.2 几种纳米过渡金属氧化物的性质与应用

1.2.1 纳米 Co_3O_4

钴的氧化物有三种:氧化亚钴(CoO)、四氧化三钴(Co_3O_4)和氧化钴(Co_2O_3)。在钴的这些氧化物中,Co_3O_4 因其结构稳定而得到广泛应用。Co_3O_4 外观为灰黑色或黑色粉末,理论钴含量为 73.43%,氧含量为 26.57%,其晶格参数为 0.809 nm,振实密度为 6.11 g/cm^3,结晶为立方晶体,属于尖晶石结构。纳米 Co_3O_4 具有优良的电化学析氧活性[81]、较高的比电容[82](Co_3O_4 理论比电容为 3560 F/g),并且在碱性环境中具有很好的化学稳定性,可作为析氧活性材料和电容器材料使用。

纳米 Co_3O_4 与 PbO_2 基质复合,PbO_2 可增强 Co_3O_4 的导电性,Co_3O_4 可对 PbO_2 基质材料的析氧活性、电容性能以及碱性环境中的稳定性进行改进和增强。这种复合材料会具有优良导电性、析氧活性、稳定性以及电容性能。

合成 Co_3O_4 纳米结构主要有水热法、溶剂热法、溶胶-凝胶法及微乳液法等。

1.2.1.1 水热法

水热法是在特制的密闭反应容器里(高压釜),用水溶液作为反应介质,通过对反应容器加热,创造一个高温、高压反应环境,使通常难溶或不溶的物质溶解,并且重结晶的过程。水热法可直接得到结晶良好的粉体,毋需作高温灼烧处理,避免了在此过程中可能形成的粉体硬团聚。Meher 等[83]则通过水热法合成了超薄层状 Co_3O_4 纳米片(见图 1-2),这种超薄的二维结构可以较大地提高电极材料利用率,导致较强的氧化还原反应强度,在 8 A/g 的高电流密度下,仍能达到 548 F/g 的比容量,展现了纳米片结构的优越性。Xia 等[84]用水热法合成了具有中空结构的 Co_3O_4 纳米线,这种中空结构不仅可以极大地增加电极材料与电解液的实际接触面积,还有利于电解液的浸入,提高有效反应面积,因此,这种中空结构的 Co_3O_4 纳米线在 2 A/g 的电流下达到了 599 F/g 的容量,并且循环 8000 次后仍能保持较高的容量。Li 等[85]采用水热法制备了各种形貌(带状、片状、立方体等)的纳米 Co_3O_4 结构。Liu 等[86]证明了在温和的条件下,通过简单的水热合成路线,可以成功地大规模合成均匀尖晶石钴氧化物(Co_3O_4)纳米晶。通过调节工艺参数,如水热时间、反应温度、表面活性剂、浓度和起始原料的摩尔比,可以很容易地在大范围内调节最终产品的尺寸和形状。

图 1-2 四氧化三钴的高低倍 SEM 图[81]

1.2.1.2 溶剂热法

溶剂热合成法在原理上与水热法十分相似,以有机溶剂代替水,一方面克服了水作溶剂沸点低的缺点,扩展反应体系的温度范围;另一方面可以在有机相中合成那些易溶于水的化合物,大大扩大了水热法的应用范围,是水热法的发展。非水溶剂同时也起着传递压力、稳定剂和矿化剂的作用。此外,在溶剂热合成过程中溶剂热合成可以有效杜绝前驱物、产物的水解,非水体系的低温、等压和溶液条件有利于生成具有完美、规则取向的晶体材料。

刘冬梅等[87]采用溶剂热方法,以 Co(CH_3COO)$_2$·4H_2O/尿素/SDS/乙醇和水为体系合成了具有斜方六面体结构的碳酸钴,并经进一步热处理得到具有斜方六面体结构的纳米孔 Co_3O_4。这种合成纳米孔 Co_3O_4 的方法简单易行。

Qing等[88]以泡沫镍为集流体,将硝酸钴、十六烷基三甲基溴化铵(CTAB)和去离子水加入甲醇中,180℃下水热后煅烧合成生长在基底上的多孔Co_3O_4纳米花,其比电容高达1937 F/g。

1.2.1.3 溶胶-凝胶法

溶胶-凝胶法制备纳米粉体的好处很多,制备的粉体粒径较小、均匀性好,适合大量生产。溶胶-凝胶法与其他报道的方法相比具有许多优点,由于溶胶-凝胶法中所用的原料首先被均匀分散到溶剂中而形成黏度较低的溶液,因此,可以在较短的时间内得到相对均匀的溶液,在形成凝胶时,反应物之间很可能是在分子水平上被均匀地混合,有利于反应充分地进行。

Guan等[89]采用溶胶-凝胶法和静电纺丝技术制备了PVA/乙酸钴复合纤维前驱体。通过对上述纤维前驱体的煅烧,获得了直径为50~200 nm的Co_3O_4纳米纤维(见图1-3)。再用扫描电镜对纤维形貌表征可知,焙烧温度对纤维形貌有较大影响。Gu等[90]同样使用溶胶-凝胶法和电纺织技术成功制备Co_3O_4纳米纤维,直径为600~1000 nm的Co_3O_4纳米纤维是由尺寸为15~30 nm的Co_3O_4多晶纳米粒子组成。此Co_3O_4纳米纤维作为锂离子电池的负极材料,具有良好的电化学性能,其初始放电比容量为816 mAh/g。Baydi等[91]报道了采用溶胶-凝胶法制备尖晶石型Co_3O_4的研究工作。用$Co(NO_3)_2$与Na_2CO_3反应生成的Co_2CO_4,并将其用作锂离子电池的正极材料。王晓慧等[92]报道了用$CoCl_2$与$NaCO_3$溶液混合后,通过调节pH值生成水合氧化钴胶体。再经DBS表面活性剂和二甲苯萃取,制成有机溶胶。经回流脱水、减压蒸馏,除去有机溶剂后,在170~200 ℃下真空干燥后再高温热处理。当热处理温度在400℃时产物由无定型转化为立方晶型,平均粒径为6 nm;在800℃时热处理,得到的Co_3O_4结晶完好,平均粒径40 nm。通过大量的科学研究表明,溶胶-凝胶法对于制备纳米级钴氧化物粉体具有很大的优势。

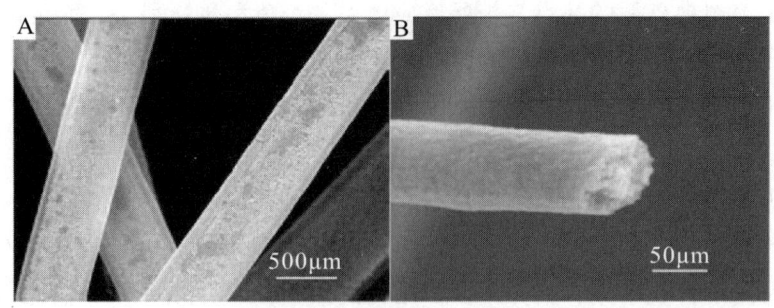

图1-3 四氧化三钴纳米纤维的高低倍TEM图

1.2.1.4 微乳液法

W/O 型微乳液中的"水池"可以作为化学反应的反应器。微乳液属热力学稳定体系，在一定条件下，具有保持特定的稳定小尺寸的特性，在单分散粉体制备中具有独特的优势。Chen 等[93]采用变微乳液法制备了尺寸可控的 Co_3O_4 纳米粒子。该方法合成的 Co_3O_4 纳米粒子形状均匀、粒径分布窄。通过改变表面活性剂与水之间的配比，分别合成了直径约 27.97 nm、42.88 nm 和 48.99 nm 的颗粒。这些纳米催化剂具有较高的纳米催化氧化 CO 的活性，在 30℃时 CO 的转化率可达到 100%。

1.2.2 纳米 Mn_3O_4

在过渡金属氧化物中，锰氧化物由于其价格低廉、存储量丰富、环境友好等优点，被大量研究并应用于电化学、分子吸附、催化、太阳能转换、离子交换和高密度磁存储等多个领域。由于锰的价态很多，所以锰的氧化物种类繁多，包括二氧化锰、三氧化二锰、氧化亚锰和四氧化三锰等。其中，四氧化三锰是一种常见的锰氧化物存在形式，其分子式为 Mn_3O_4，分子量为 228.81，密度为 4.6~4.9 g/cm³，理论 Mn 含量达到 72.03%。天然四氧化三锰是以黑锰矿的形式存在的，一般为黑色。而人工制成的四氧化三锰随表面性能、杂质含量、粒度大小的不同而分别呈现黑色、红棕、棕黄、棕色等。四氧化三锰，通常被认为是一种混合氧化物，也可写成 $MnO \cdot Mn_2O_3$，其离子式结构为 $Mn^{2+}[Mn^{3+}]_2 O_4^{2-}$，是典型的尖晶石结构（见图 1-4），二价锰离子位于四面体的中心位置，三价锰离子则位于八面体的中心位置。但是与 Fe_3O_4 相比，四氧化三锰的电导率要小很多，故也认为它由 MnO 和 MnO_2 组成（$2MnO \cdot MnO_2$），存在 Mn^{2+}、Mn^{4+} 两种离子[94]；也有人认为四氧化三锰的表层是由 $2MnO \cdot MnO_2$ 组成，而其内部则由 $2MnO \cdot Mn_2O_3$ 组成，存在 Mn^{2+}、Mn^{3+}、Mn^{4+} 三种离子[95]。

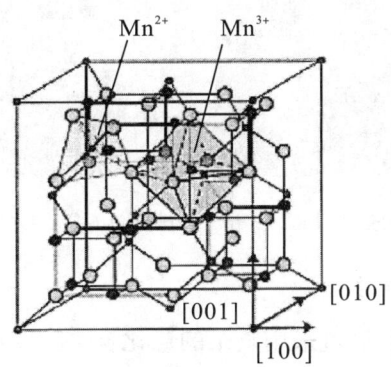

图 1-4 尖晶石结构的 Mn_3O_4 结构示意图

由于 Mn_3O_4 中的 Mn^{2+} 和 Mn^{3+} 离子都存在未成对的电子，使得常温下的四氧化三锰具有磁性，故四氧化三锰是生产软磁铁的主要原料，也被应用于生产光学玻璃等工业领域。此外，Mn_3O_4 纳米材料在用作超级电容器时，可以提供更多的氧化还原反应活性位点，能够有效地提高材料的比电容。Mn_3O_4 纳米材料的使用范围和应用前景十分广泛，其在分子吸附、离子交换、高密度磁存储、催化、锂离子电池以及超级电容器等领域都具有很高的应用价值。

由于纳米材料的性能很大程度上取决于组成材料的纳米粒子的尺寸和形貌，因此为了改进 Mn_3O_4 的性能，需要调控 Mn_3O_4 粒子的尺寸和微观形态，这就需要从合成 Mn_3O_4 纳米粒子的方法上入手，通过采用合适的制备方法获得尺寸可控、形貌均一的微粒。Mn_3O_4 纳米材料制备方法主要包括高温固相法、水热/溶剂热法、溶胶-凝胶法、高温热分解法等[96]。本书中主要介绍以下几种常用的四氧化三锰合成方法。

1.2.2.1 水热/溶剂热法

水热/溶剂热法是在高温高压下密闭的反应釜中进行的反应，是合成 Mn_3O_4 纳米粒子的常用方法之一。通过调节反应物和溶剂的种类以及反应的温度可控制生成纳米粒子的尺寸和形状，但是通过水热/溶剂热法不易得到尺寸均一的纳米微粒。如图 1-5 所示，Yang 等[97]以 $MnCl_2·4H_2O$ 为锰源，以二甲基亚砜为反应溶剂，溶剂热条件下合成的粒子比较团聚，没有规则的形状，尺寸分布较宽，粒子尺寸大约在 12~40 nm 之间。

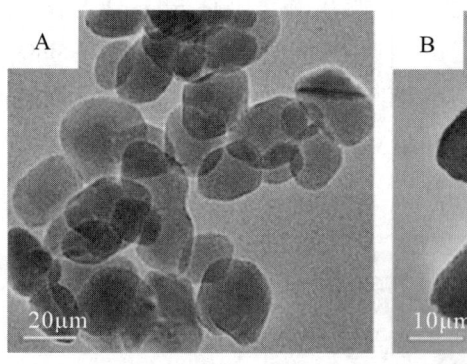

图 1-5　水热/溶剂热法以 $MnCl_2·4H_2O$ 制备 Mn_3O_4 纳米粒子的透射电镜图片

1.2.2.2 高温热分解法

高温热分解的方法是通过采用复杂的锰化合物为锰源，以油酸、油胺作为反应溶剂，高温下加热锰的前驱物得到尺寸可控、单分散性好的 Mn_3O_4 纳米粒子。但是以此方法得到的粒子只能分散在非极性溶剂中却难以分散在绿色环保的水中。如图 1-6 所示，Seo 等[98]通过以油胺为反应溶剂，以乙酰丙酮锰为前驱物，在高温下加热分解得到单分散的 Mn_3O_4 胶体纳米晶，可均匀地分散在环己烷、甲苯等有机溶剂中。

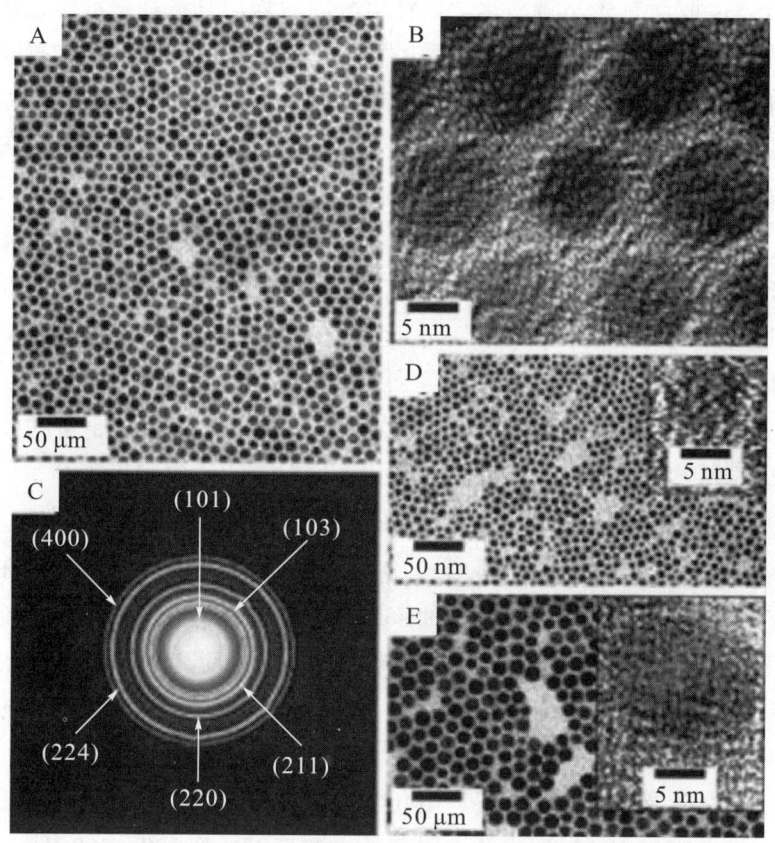

图 1-6　Mn_3O_4 纳米颗粒的 TEM 显微照片：

A—TEM 图像　B—高分辨率 TEM 图像　C—10 nm 颗粒的 SAED 图案　D—6 nm 颗粒的 TEM 图像　E—15 nm 颗粒的 TEM 图像，插图中显示了高分辨率 TEM 图像

1.2.2.3　高温固相法

高温固相法是指将锰盐或者锰的其他氧化物置于空气或者惰性气体中进行高温煅烧，经冷却即可得到 Mn_3O_4。一般将高价态的锰氧化物如 MnO_2、Mn_2O_3、MnOOH 经高温煅烧之后可得到 Mn_3O_4。其中，MnO_2 在热处理过程中会发生一系列变化，将 MnO_2 加热至 500~600℃ 可生成 Mn_2O_3，继续升温至 900~950℃ 会脱氧生成 Mn_3O_4。若将温度升高至 1200℃ 左右，Mn_3O_4 则会转

化成更为稳定的 MnO。该方法操作简单，反应条件容易控制，成本低廉且产量较高。但是，该方法制备的四氧化三锰颗粒不均匀，团聚现象很严重，电化学活性较差。

1.2.2.4　溶胶－凝胶法

溶胶－凝胶法首先是将高化学活性组分原料均匀分散在溶剂中，然后经过水解、聚合形成稳定透明溶胶，溶胶经陈化进而生成三维空间结构凝胶，最后将凝胶干燥并热处理制备出氧化物或者其他材料。溶胶－凝胶法反应温度较低，容易实现反应物分子层次的均匀性，并且在初始反应阶段可以掺入微量元素，从而实现分子水平的均匀掺杂。然而，溶胶－凝胶法反应耗时长，成本较高，并且需要采用大量的有机溶剂和试剂，这些都极大阻碍了其大规模发展。

除此之外，研究者们也逐渐把表面活性剂引入合成体系中去，用于对 Mn_3O_4 进行形貌的控制，但是由于表面活性剂的加入，控制粒子的尺寸又成了一大难题。

Mn_3O_4 主要用于电子工业生产软磁铁氧体，利用 Mn_3O_4 制备的软磁材料具有狭窄的剩磁感应曲线，可以反复磁化；同时其直流电阻率很高，可以避免涡流损失且在高温下不易产生裂痕，在电子工业中有着广泛的用途。Mn_3O_4 可作为某些油漆厂或涂料的色料[99]，含有 Mn_3O_4 的油漆或涂料喷洒在钢铁上比含有二氧化钛或含三氧化二铁的油漆或涂料表现出更好的抗腐蚀性能。纳米 Mn_3O_4 粉末可作为分解氮氧化物和一氧化碳的催化剂和选择性还原硝基苯的还原剂。随着人们对 Mn_3O_4 研究的深入，Mn_3O_4 的优越性能和广泛的用途越来越引起人们的重视。Mn_3O_4 作为应用比较广的锰基氧化物负极材料，有着资源广泛、价格低廉、对环境友好、电化学工作窗口较大的特点，其理论电容可以达到 1100～1300 F/g，在实验中得到的电容可以达到 200～300 F/g。锰的多价态的存在使其具有更好的赝电容性能，在超级电容器中，具有很大的潜在应用价值。Hu[100]通过低温水热法合成的 Mn_3O_4 单晶材料表现出很高的电容性大功率性质和良好的稳定性。Kim 和 Nam[101]制备的 Mn_3O_4 薄膜电极具有相当高的比电容，可达 150～330 F/g。但是 Mn_3O_4 导电性较差（～10^{-7}－10^{-8} S/cm），限制了其电容性能。Ahmed 等[102]曾在 Mn_3O_4 纳米片和纳米粒子中加入炭黑提高其导电性，结果表明，其比电容也随导电性的增加而增大。Yi 等[103]将 Mn_3O_4 纳米粒子制备在高导电性的石墨基体上，研究发现，该 Mn_3O_4 纳米粒子的比能量可达到约 900 mAh/g，这已经接近了其理论值。

其基质 PbO_2 的优良的导电性能，会提高纳米 Mn_3O_4 的导电性，减小电阻

对纳米 Mn_3O_4 电容性能的限制；而纳米 Mn_3O_4 会提高 PbO_2 的赝电容性能。所以，纳米 Mn_3O_4 与 PbO_2 形成的复合材料，会具有良好的赝电容性能和循环稳定性。该复合材料在超级电容器和超级电池中会具有很大的应用潜能。

1.2.3 纳米 WO_3

纳米 WO_3 是一种非化学计量的 N 型半导体材料，具有良好的电化学稳定性和可逆性、低廉的价格、对环境友好、较宽的电化学窗口等特点[104]；研究发现，H^+、Li^+、Na^+ 等在 WO_3 电极材料上会发生嵌入反应，这使得 WO_3 电极的充放电过程会变得十分容易[105]；多价态的存在使得 WO_3 具有良好的储电能力。这些特性使得 WO_3 在超级电容器的研究领域中备受关注。

纳米 WO_3 与 PbO_2 都在酸性环境中具有很强的稳定性，二者构成的复合物会在酸性介质中展现良好的导电性、电容性能和循环稳定性。该复合物可进行大电流的充放电，应用在超级电容器和超级电池中，可满足大功率输送能源的需求。

合成纳米 WO_3 的方法主要有微乳液法、水热法、溶胶-凝胶法和沉淀法等。

1.2.3.1 微乳液法

微乳液通常是由水、油、表面活性剂在适当比例下自发形成的透明或半透明的、低黏度和各向同性的热力学稳定的分散体系。微乳液主要有三种类型，即水包油型微乳液、油包水型微乳液和双连续型微乳液。Asim 等[106]利用蔗糖酯油包水体系制备了纳米级球形三氧化钨，其中油相含有硬脂酸蔗糖酯、正丁醇、十四烷。使用 X 射线衍射、透射电镜、扫描电镜、X 射线光电子能谱分析等手段进行表征，结果发现生成的三氧化钨为球状的，颗粒的分散性和均一性都较好，晶型单一。

1.2.3.2 溶胶-凝胶法

Cheng 等[107]用三嵌段共聚物 $HO(CH_2CH_2O)_{20}(CH_2CH(CH_3)O)_{70}(CH_2CH_2O)_{20}H$ 作为有机模板剂代替 SiO_2，经溶胶-凝胶法制备出了具有良好变色性能的中孔 WO_3 纳米材料，发现中孔 WO_3 表现出了更快的变色响应、更好的光学可逆性和更高的着色率。Zayima 等[108]以共聚物为模板，利用溶胶-凝胶法制备了介孔三氧化钨薄膜，所使用的原料为乙醇。该文献第一次以共聚物为模板制备介孔结构的三氧化钨，而所制得的三氧化钨显示出较高的离子插入速率。

1.2.3.3 水热法

徐英明等[109]在水热条件下,以钨酸钠为原料,通过调节反应的pH值、酸的质量浓度、反应温度及反应时间,找到了较佳的焦绿石型氧化钨超微粉体的制备工艺,采用TG、XRD、IR、EPMA等测试手段对样品进行了表征,产物为立方晶系的焦绿石型WO_3超微粉体,粒径大小约为24 nm。Wang等[110]以$Na_2WO_4 \cdot 2H_2O$、HCl、NaCl为原料,利用水热法制备了纳米棒状的三氧化钨,并对其进行了表征,与所得到的XRD谱图与标准图谱进行比较,发现所制备的三氧化钨纳米棒属于六方晶系,且不含有非计量的WO_3-x化合物和含结晶水的$WO_3 \cdot xH_2O$,进一步表明所合成的物质为纯的三氧化钨纳米棒。

1.2.3.4 溶剂热法

Jing等[111]采用一步热溶剂热法合成了CNT@WO_3复合材料(见图1-7),这种材料成的超级电容器在0.5 mol/L的H_2SO_4的电解质溶液中显示了优越的电化学性能与高的比电容(在0.5 A/g的电流下电容量为496 F/g)和较高的循环稳定性(8000次循环后仍有96.3%的效率)。SUNA等[112]采用溶剂热法,通过将WCl_6溶解在乙醇、乙二醇混合溶液中,在反应釜中200℃加热6 h合成了WO_3纳米纤维。这种材料的形貌可以通过WCl_6进行调节。

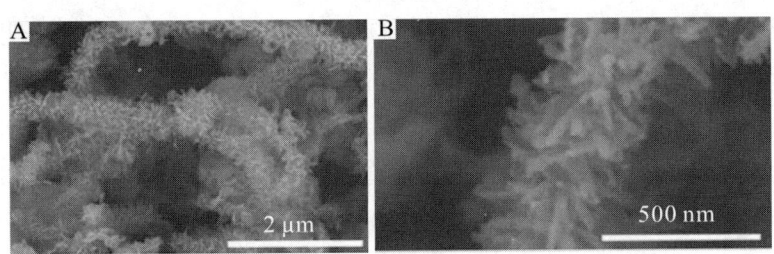

图1-7 CNT@WO_3的高倍和低倍TEM显微照片

1.2.3.5 沉淀法

沉淀法是一种液相制备纳米氧化物颗粒的普遍方法,一般有醇盐水解法、水解沉淀法、直接沉淀法、共沉淀法、均匀沉淀法、配位沉淀法等,这些方法在制备纳米材料上都有广泛的应用。但沉淀法制备纳米材料时存在缺点,产物在洗涤、过滤和干燥时,易团聚形成二次粒子,这种现象使得沉淀法具有一定的局限性。为此,我们可以在制备体系中加入添加剂,使制备的粒子具有良好的分散稳定性,以克服传统沉淀法制备纳米微粒的不足。Martinez等[113]用沉淀法制备了纳米三氧化钨颗粒,发现随着前驱体和煅烧的温度变化,纳米三氧化钨的形态和光学性质呈现出不同的变化,具有正方形薄片和较高表面积的样品表现出较高的光催化活性,并研究了它们对有机染料的降解效率。Upothina 等[114]以钨酸盐、硝酸为原料,通过酸化沉淀法在不同条件下制备了两种不同形态的三氧化钨,一个是平均大小为 30 nm 的纳米颗粒;另一个是宽 90 + 15 nm、厚度 50 + 5 nm 的纳米薄片。并通过热分析和 X - 衍射技术来研究三氧化钨的晶型转变,以及搅拌时间对三氧化钨形态的影响。

1.2.4 纳米 SnO_2

二氧化锡是最常见的锡基氧化物,分子式为 SnO_2,分子量为 150.71,密度为 6.95 g/cm^3,一般为白色、淡黄色或淡灰色粉末。二氧化锡晶体具有四方晶系和正交晶系两种变体。但正交相是不稳定的晶相,只可以在高温高压条件下出现。四方晶系是二氧化锡最常见的晶体结构,一般也称为金红石结构(见图 1 - 8),是二氧化锡晶体的热力学和动力学稳定态,属于 $P42/mnm$ 空间群,D_{4h} 点群,晶胞参数分别是 $a = b = 0.4737$ nm,$c = 0.3185$ nm,$c/a = 0.673$,每个晶胞内含有两个 SnO_2 分子,其晶体结构如图所示。每个 Sn 原子位于由 6 个 O 原子组成的近似八面体的中心,而每个 O 原子也位于 3 个 Sn 原子组成的等边三角形的中心,形成 6∶3 的配位结构。

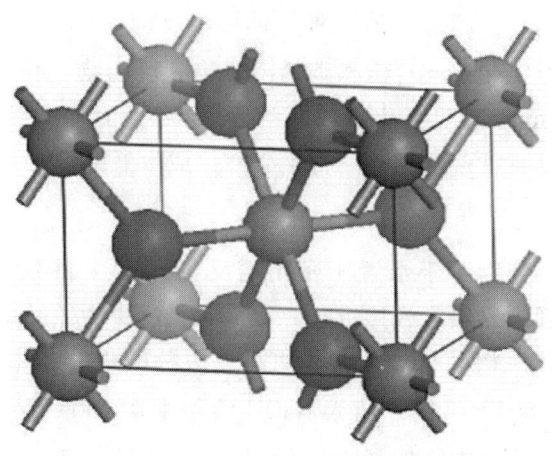

图 1 - 8 金红石结构的 SnO_2 的结构示意图

SnO_2 早期主要是作为气敏材料得到科研工作者的广泛研究关注并已经在工业中实现广泛应用。随着研究的进展,制备出越来越多的形貌和尺寸的 SnO_2,特别是纳米 SnO_2 的表面效应和小尺寸效应使其具有特殊的性能。不同形貌和尺寸的 SnO_2 具有不同的性能表现,使用各种离子对 SnO_2 进行掺杂实验给 SnO_2 带来了许多本体没有的性能,拓展了 SnO_2 的应用领域。由于科技工作者孜孜不倦的努力，SnO_2基材料在气敏、电学、光学、催化等多方面具有优良的性能，使其在气敏传感器、锂电池储锂材料、透明导电材料、高温电子器件、超级电容器等方面有广泛的应用。

纳米材料的性能很大程度上取决于纳米材料的形貌和尺寸，如何合成出形貌尺寸均一的纳米材料是研究人员的热点。SnO_2纳米材料的制备方法有多种，大体可以分为气相法、液相法和固相法。气相法包括电弧气化合成法、激光诱导化学气相沉淀法、气体冷凝法、化学气相沉积法等，液相法包括溶胶凝胶法、水热法、溶剂热法、化学共沉淀法等，固相法包括固相合成法、机械粉碎法等，下面介绍几种常用的方法。

1.2.4.1 化学气相沉积法

气相法中使用较多的是化学气相沉积法，通常是在水平管式炉中进行反应。一般反应过程是将一种或几种反应物放置在管式炉中心加热区，在加热区通过加热形成蒸气，然后由惰性气流也可能是反应气流运送到低温区，或者通过快速降温使蒸气在特定的基底上沉积下来，生长成为有序纳米线阵列或其他产物。这种方法又可以细分为固体粉末物理蒸发法和化学气相沉积法。这两种方法的不同之处在于：前者仅仅是物质蒸发、再沉积的物理过程；而后者则在通入惰性气体的同时，还通入另一种气体参与反应。Liu等[115]使用化学气相沉积法以比例为1∶1的SnO_2粉和碳粉混合物为反应物，在1050℃下保持1 h制备出宽度为80 nm、长度几十微米的单晶纳米线。这种方法操作简单，产品纯度高，工艺上具有重现性，适于批量生产，成本低廉。

1.2.4.2 水热法

水热法是将反应物溶于水置于密闭的反应容器（如不锈钢高压釜）中，将反应装置加热到临界温度或接近临界温度时，反应物经过化学反应，再经过分离和热处理得到产物的一种方法。影响反应的因素有很多比如溶液的酸碱度、温度等。Shi等[116]将锡片放入NaOH溶液中在200℃保持24 h获得纳米立方体，在NaOH溶液中添加了30%的H_2O_2后获得了空心纳米立方体。这种方法所用的仪器简单，产品的分散性好，颗粒尺度易控制，无需高温处理，但产率不高，广泛用于纳米颗粒的制备。

溶剂热法与水热法相似，溶剂热反应是水热反应的发展，它与水热反应的不同之处在于所使用的溶剂为有机溶剂而不是水。在溶剂热反应中，一种或几种前驱体溶解在非水溶剂中，在液相或超临界条件下，反应物分散在溶液中并且变得比较活泼，随着反应发生，产物缓慢生成。该过程相对简单而且易于控制,并且在密闭体系中可以有效地防止有毒物质的挥发和制备对空气敏感的前驱体。但溶剂热法使用的一般是有机溶剂,反应时易产生大量气体使密闭反应容器内的压强很高,所以溶剂热法的反应温度一般不宜过高。

1.2.4.3 固相合成法

固相合成法是把作为反应物的金属盐或金属氧化物充分混合再充分研磨混合后进行煅烧,煅烧的目的是让混合物发生反应。反应得到的产物有时需要进一步研磨细化。这种方法转化率高,选择性好,能耗低,污染小,且有宽敞稳健的优化平台进行工艺操作;但研磨过程中容易引入杂质,且粒度分布不均匀,对其反应物要求苛刻,很少采用此方法制备 SnO_2 纳米材料。

除了一些常规制备 SnO_2 纳米材料的方法,还有一些其他方法如激光烧烛法、模板辅助法、热解有机混合物等[117-119]。随着制备方法的增多与完善,有些制备过程不再单独使用一种方法,而是采用两种甚至三种方法相结合的办法来制备 SnO_2 纳米材料。

SnO_2 材料因其特殊的气敏、导电和透光特性,在气敏材料、锂电池电极材料、染料敏化太阳能电池、催化材料、光致发光材料等方面有广泛应用,因此受到研究工作者的广泛关注。SnO_2 是宽禁带半导体,在电磁波可见光范围内的吸收率很小而具有极高的透射率,SnO_2 材料的这个特点在光学方面有广泛的应用,比如通过对薄膜进行氟掺杂可以使其电阻大大降低,可以制作太阳能电池导电薄膜。Ansari 等[120]发现烧结的 SnO_2 陶瓷对空气中的微量活性气体敏感,如 CO、NO_2 等,并且具有很高的稳定性,是优异的气敏材料,从此 SnO_2 的气敏特性引起了人们的关注。SnO_2 纳米材料的气敏特性比常规的 SnO_2 材料更为显著,用来制作气体传感器可以检测许多还原性气体,如氧气、氨气、甲烷、乙醇、硫化氢、一氧化碳、氮氧化合物、液化石油气等[121-125]。SnO_2 除了光学性能和气敏特性,还有优良的电学特性、电化学特性、催化特性等。Chen 等[126]制备出带有可控碳纳米涂层的纳米粒子作为新一代锂离子电池的阴极材料,显示了非常高的储存容量,循环 100 圈后,容量可达 631 mAh/g。Zhao 等[117]通过热解二丁基二锡和乙酸的混合溶液制备出多孔 SnO_2 纳米结构,当这种纳米结构作为催化剂时,甲醇的分解转化和氢的输出效率明显提高,因此可以将这种纳米结构作为分解甲醇的催化剂。

SnO_2 是一种具有较宽禁带(E_g = 3.6 eV)N 型半导体材料,具有优异的电化学催化性能,可将难降解的有机污染物(如苯酚、丙二酚)电氧化成小分子、易降解的有机酸[127]。SnO_2 纳米材料具有较大的比表面积,较低的电压平台,具有良好的电容性能[128],同时 SnO_2 在酸性中具有很强的化学稳定性。

PbO_2 与 SnO_2 具有同样的四方金红石结构,二者组成的复合物会有很高的稳定性,而且 PbO_2 会增强 SnO_2 导电性,SnO_2 会提高 PbO_2 电催化活性和电容性能。该复合物在储能和催化方面都会有很大的应用潜能。

1.3 纳米材料在复合镀技术中的应用

复合电镀技术是金属与有机、无机微粒以及金属一起电沉积从而形成复合镀层的技术。复合镀层的形成包括两步吸附过程:第一步是弱吸附,即携带着离子与溶剂分子膜的微粒吸附在电极表面上;第二步为强吸附,即处于弱吸附状态的微粒,脱去它所吸附的离子和溶剂化膜,与阴极表面直接接触,形成不逆转的电化学吸附。其他纳米粒子的加入使镀层的性能得到提高,按用途分为耐磨减摩纳米复合镀层、耐高温纳米复合镀层、耐蚀纳米复合镀层和其他功能纳米复合镀层。

1.3.1 耐磨减摩纳米复合镀层

由于纳米微粒本身具有小尺寸效应、表面效应、量子尺寸效应和宏观量子隧道效应等独特性能,在基体材料中加入此类纳米微粒可以进一步优化复合镀层的性能,如金刚石、Al_2O_3 和 SiC。这些微粒良好地分散在镀层中,能更好地优化复合镀层的硬度、耐磨性和减摩性,在军工、机械、汽车等部门有广阔前景。Stermtzke 等[129]研究了 Al_2O_3/SiC 纳米复合材料的表面性能。连接 4 种不同粒径分布的 SiC 颗粒,平均粒径在 12~115 nm 之间,在所有情况下,纳米复合材料比相同粒度的纯相氧化铝更能抵抗严重的侵蚀磨损环境。随着 SiC 粒度的减小,耐磨性逐渐增强。表面观察和赫兹压痕实验表明,与相同粒度的 Al_2O_3 相比,纳米复合材料具有更小的平均缺陷尺寸和更少的大缺陷。表明在给定的研磨或抛光过程后,纳米复合材料的表面损伤水平较低。董世运等[130]采用电刷镀技术制备了五种不同纳米粒子的复合镀层,分别为 n-Al_2O_3/Ni、n-SiO_2/Ni、n-SiC/Ni、n-TiO_2/Ni,测定了它们的硬度、耐磨性、抗接触疲劳性能和高温性能,并研究了其强化机理。复合其他纳米粒子镀层硬度是无纳米粒子单纯镍镀层的 1.5~1.7 倍,耐磨性是镍镀层的 1.6~2.5 倍。它们的接触疲劳寿命可以达到 106 次,使用温度可以达到 400℃。Jeong 等[131]研究了晶粒尺寸减小对纯镍耐磨性的影响。随着晶粒尺寸由多晶向纳米晶的减小,硬度的增加使磨料耐磨性大大提高,磨损引起的体积损失符合阿卡德定律。随着晶粒尺寸的减小，塑性变形大大减小，在最小晶粒尺寸为 13 nm 时，塑性变形可以忽略不计。

如果复合镀层复合的材料具有稍低的硬度、良好的润滑性等特性，这些纳米颗粒（MoS_2、PTFE、CaF_2、石墨等）的加入可以与基质金属复合共沉积形成具有润滑性的摩擦系数低的纳米复合镀层，在轴轮等领域有广泛的应用。陈卫祥等[132]用化学镀方法制备了 Ni-P-纳米碳管复合镀层，镀液中加入碳纳米管的复合镀层的摩擦性能比 SiC 和石墨的更低，经过几小时的高温热处理的复合镀层会提高其耐磨损性能。于爱兵等[133]采用电镀工艺制备了 Ni-Si_3N_4 和 Ni-P-Si_3N_4 两种复合镀层。对经热处理的复合涂层进行了环环摩擦磨损试验。分析了摩擦副的摩擦学行为。与 Ni-Si_3N_4/45#钢相比，Ni-P-Si_3N_4/45#钢具有更好的摩擦学性能，具有较小的摩擦系数和磨损值。张永忠等[134]通过在掺 Ni 镀液中调整 PTFE 乳液的量和两步热处理工艺，成功研究出 Ni-P-PTFE 镀层，并且进而研究了复合镀层的耐磨性，热处理工艺的处理可以使复合镀层的硬度得到提高，使 PTFE 颗粒均匀分布在镀液中，并且增加镀液的稳定性，尽最大可能性提高了复合镀层的耐磨性。

1.3.2 耐高温纳米复合镀层

随着工业技术的快速发展，人们对材料的要求也越来越高，耐高温、抗氧化、高强度、高耐磨度的复合镀层也随之出现。朱立群等[135]通过电沉积工艺在 Ni-W 非晶态镀液中加入 ZrO_2 固体微粒，ZrO_2 的耐高温性能提高其在高温条件下的抗氧化性能以及非晶态镀层的硬度，其硬度可达到 HV1200 左右。Zhang 等[136]通过共沉积 Ni 和 Cr 纳米颗粒，制备平均尺寸为 39 nm 的新型 Ni-9.6 wt.% Cr 纳米复合薄膜。在 800℃下的氧化表明，与电沉积的纯 Ni 膜和未涂覆的 Ni 基体相比，刚沉积的 Ni-Cr 纳米复合膜具有优异的抗氧化性。其他数据结果表明电沉积纳米复合膜上形成了连续的 Cr_2O_3 氧化膜，氧化膜可以提高复合膜的抗氧化性。彭晓等[137]的研究表明经 1000℃的高温连续长时间氧化后，沉积的 Ni-La_2O_3 的复合镀层会抑制 NiO 晶粒的生长，并且在高温循环氧化时的生长扩散变为掺杂纳米粒子的向内扩散为主，比单纯的金属 Ni 镀层的抗氧化性能更好，沉积的复合镀层氧化速率降低，表面不开裂，此复合镀层可以用作一种高温防护镀层。

1.3.3 耐蚀纳米复合镀层

电镀形成的复合镀层的耐腐蚀性能也可用作装饰性镀层或辅助性提高防护

性镀层的耐腐蚀能力。Benea 等[138]对纯镍与 Ni-SiC 纳米复合镀层的磨损腐蚀性能进行了对比研究。纳米粒子嵌入的影响，可以得到精细的纳米结构涂层。电化学腐蚀和摩擦系数的测试结果表明，纳米结构复合镀层的耐蚀性优于纯镍镀层。与纯镍镀层相比，纳米复合镀层在运动条件下具有更大的极化电阻和更低的腐蚀电流密度，纳米复合镀层的摩擦系数比纯镍镀层小。王健雄等[139]复合电沉积 Ni 和碳纳米管复合电镀材料，用静态浸泡法对制备的纯 Ni 镀层和 Ni－碳纳米管复合镀层耐腐蚀性进行对比研究。结果表明，复合碳纳米管镍基镀层的耐腐蚀性明显优于同条件下制备的镍镀层。Ni－碳纳米管的复合镀层的耐腐蚀性能好，20% NaOH 的溶液中制备的复合镀层的耐蚀性高于在 35% NaCl 溶液中的镀层。由此得出结论，电沉积形成的复合镀层足够致密，可以隔离腐蚀物质，同时 Ni 镀层上沉积着碳纳米管有效阻止点蚀坑的生长，进而提高复合镀层的抗腐蚀性。Ni 镀层上复合生长的碳纳米管可能会加快钝化 Ni 的过程，达到保护基体金属，提高产品的性能。周苏闽等[140]采用化学镀的方法，研究了 Ni-P-CeO_2 复合镀层的制备工艺，此方法以 CeO_2 纳米材料作为分散微粒，溶液中加入稳定剂和表面活性剂，非连续搅拌获得复合镀层。当 CeO_2 的加入量达到 15 g/L，温度在 88～95℃范围内，可以合成性能优异的复合镀层，耐溶液和酸性气体腐蚀的能力比 Ni-Sn-P 显著提高。

1.3.4　其他纳米复合镀层

纳米复合镀层材料在其他领域也发挥着重要作用，如电子工业和光催化。采用具有纳米晶织构的金刚石微粒强化银基电接触复合镀层。吴元康等[141]针对银镀层硬度低、耐磨性差、电接触性能差等缺点，在镀液中加入纳米金刚石晶体颗粒与银共沉积。结果表明，银镀层的耐磨性和电接触使用寿命有了很大的提高，纳米金刚石晶体颗粒与人造单晶金刚石颗粒相比，对银基体具有更好的附着力。

参考文献

[1] DEVILLIERS D, MAHÉ1E. Modified titanium electrodes: Application to Ti/TiO_2/PbO_2 dimensionally stable anodes [J]. Electrochimica Acta, 2010, 55 (27): 8207-8214.

[2] 陈康宁. 金属阳极 [M]. 上海: 华东师范大学出版社, 1989.

[3] 周海晖, 陈范才, 赵常就. 环氧板二氧化铅电极的制备及其性能测试 [J].

表面技术, 2000, 28 (2): 15-18.

[4] GONZÁLEZ-GARCÍ J, SÁEZ V, INIESTA J, et al. Electrodeposition of PbO_2 on glassy carbon electrodes: influence of ultrasound power [J]. Electrochemistry Communications, 2002, 4 (5): 370-373.

[5] BERTONCELLO R, CATTARIN S, FRATEUR I, et al. Preparation of anodes for oxygen evolution by electrodeposition of composite oxides of Pb and Ru on Ti [J]. Journal of Electroanalytical Chemistry, 2000, 492 (2): 145-149.

[6] TAN C, XIANG B, LI Y J, et al. Preparation and characteristics of a nano-PbO_2 anode for organic wastewater treatment [J]. Chemical Engineering Journal, 2011, 166 (1): 15-21.

[7] ZHAO G H, ZHANG Y G, LEI Y Z, et al. Fabrication and electrochemical treatment application of a novel lead dioxide anode with superhydrophobic surfaces, high oxygen evolution potential, and oxidation capability [J]. Environmental Science & Technology, 2010, 44 (5): 1754-1759.

[8] ANDRADE L S, RUOTOLO L A M, ROCHA-FILHO R C, et al. On the performance of Fe and Fe, F doped Ti - Pt/PbO_2 electrodes in the electrooxidation of the Blue Reactive [J]. Chemosphere, 2007, 66: 2035-2043.

[9] YANG X P, ZOU R Y, HUO F, et al. Preparation and characterization of Ti/SnO_2-Sb_2O_3-Nb_2O_5/PbO_2 thin film as electrode material for the degradation of phenol [J]. Journal of Hazardous Materials, 2009, 164 (1): 367-373.

[10] BRAGG W L, DARBYSHIRE J A. The structure of thin films of certain metallic oxides [J]. Transactions of the Faraday Society, 1932, 28: 522-529.

[11] ZASLAVSKII A I, KONDRASHOV Y D, TOLKACHEV S S. New modification of lead dioxide and the texture of anodic deposits [J]. Doklady Akademii Nauk SSSR, 1950, 75 (1): 559-561.

[12] ZASLAVSKII A I, TOLKACHEV S S. Structure for the α - modification of lead dioxide [J]. Zhurnal Fizicheskoi Khimii, 1952, 26 (1): 743-752.

[13] RÜETSCHI P, CAHAN B D. Anodic corrosion and hydrogen and oxygen overvoltage on lead and lead antimony alloys [J]. Journal of the Electrochemical Society, 1957, 104 (7): 406-413.

[14] RUETSCHI P, SKLARCHUKA J, ANGSTADTA R T. Stability and reactivity of lead oxides [J]. Electrochimica Acta, 1963, 8 (5): 333-342.

[15] RAVINDRAN1 K, HEERMAN1 L, SIMAEYS L V. The anodic behaviour of lead in acid sulphate solutions. Influence of copper and cobalt ions [J]. Bulletin des Sociétés Chimiques Belges, 1974, 83 (5): 173-184.

[16] IMAMUR K, SENNA M. Difference between mechanochemical and thermal processes of polymorphic transformation of ZnS and PbO [J]. Materials Research Bulletin, 1984, 19 (1): 59-65.

[17] HEINEMANN M. Electronic structure of β-PbO_2 and its relation with $BaPbO_3$ [J]. Physical Review B, 1995, 52 (16): 11740-11743.

[18] PRESCOTT R, GRAHAM M J. The formation of aluminum oxide scales on high-temperature alloys [J]. Oxidation of Metals, 1992, 38 (3): 233-254.

[19] ABACI S, PEKMEZ K, YILDIZ A. The influence of nonstoichiometry on the electrocatalytic activity of PbO_2 for oxygen evolution in acidic media [J]. Electrochemistry Communications, 2005, 7 (4): 328-332.

[20] DEVILLIERS D, DINH M T, THI, LEQUEUX N, et al. Electroanalytical investigations on electrodeposited lead dioxide [J]. Journal of Electroanalytical Chemistry, 2004, 573 (2): 227-239.

[21] 张招贤. 钛电极工学 [M]. 北京: 冶金工业出版社, 2003.

[22] FLEISCHMANN M, MANSFIELD J R, THIRSK H R, et al. The investigation of the kinetics of electrode reactions by the application of repetitive square pulses of potential [J]. Electrochimica Acta, 1967, 12 (8): 967-982.

[23] CHANG H, JOHNSON D C. Electrocatalysis of anodic oxygen-transfer reaction chronoamperometric and voltammetric studies of the nucleation and electrodeposition of β-lead dioxide at a rotated gold disk electrode in acidic media [J]. Journal of Electrochemistry Society, 1989, 136 (1): 17-23.

[24] CHANG H, JOHNSON D C. Electrocatalysis of anodic oxygen-transfer reactions ultrathin films of lead oxide on solid electrodes [J]. Journal of Electrochemistry Society, 1990, 137: 3108-3114.

[25] YEO I H, LEE Y S, JOHNSON D C. Growth of lead dioxide on a gold electrode in the presence of foreign ions [J]. Electrochimica Acta, 1992, 37 (10): 1811-1819.

[26] CAMPBELL S A, PETER L M. Determination of the density of lead dioxide films by in situ laser interferometry [J]. Electrochimica Acta, 1987, 32

(2): 357-360.

[27] VELICHENKO A B, GIRENKO D V, DANILOV F I. Mechanism of lead dioxide electrodeposition [J]. Journal of Electroanalysis Chemistry, 1996, 405 (1): 127-133.

[28] VELICHENKO A B, GIRENKO D V, DANILOV F I. Electrodeposition of lead dioxide at an Au electrode [J]. Electrochimica Acta, 1995, 40 (17): 2803-2807.

[29] 任秀斌,陆海彦,刘亚男,等. 钛基二氧化铅电极电沉积制备过程中的立体生长机理 [J]. 化学学报, 2009, 67 (9): 888-892.

[30] 王惠君. 二氧化铅电极的制备及其应用 [J]. 浙江海洋学院学报（自然科学版）, 1999, 18 (2): 165-167.

[31] ABACI S, TAMER U, PEKMEZ K, et al. Electrosynthesis of benzoquinone from phenol on α and β surfaces of PbO_2 [J]. Electrochimica Acta, 2005, 50 (18): 3655-3659.

[32] NAKAMURA M, INOUE T, NAKAMURA E. Synthesis of substituted cyclopropanone acetals by carbometallation and its oxidative cleavage with manganese (Ⅳ) oxide and lead (Ⅳ) oxide [J]. Journal of Organometallic Chemistry, 2001, 624 (1): 300-306.

[33] AMADELLI R, BATTISTI A DE, GIRENKO D V, et al. Electrochemical oxidation of trans-3, 4-dihydroxycinnamic acid at PbO_2 electrodes: direct electrolysis and ozone mediated reactions compared [J]. Electrochimica Acta, 2000, 46 (2): 341-347.

[34] 齐维晓. TiO_2 掺杂 PbO_2 电极的制备及其在电解法制 O_3 中的应用研究 [D]. 黑龙江：哈尔滨工业大学, 2006.

[35] TRASATTI S. Electrocatalysis: understanding the success of DSA [J]. Electrochimica Acta, 2000, 45 (15): 2377-2385.

[36] 周雅宁,万亚珍. 二氧化铅电极的制备及应用现状 [J]. 无机盐工业, 2006, 38 (10): 8-11.

[37] RASHKOV S T, DOBREV T S, NONCHEVA Z, et al. Lead-cobalt anodes for electrowinning of zinc from sulphate electrolytes [J]. Hydrometallurgy, 1999, 52 (3): 223-230.

[38] HRUSSANOVA A, MIRKOVA L, DOBREV T S. Anodic behaviour of the Pb-

Co_3O_4 composite coating in copper electrowinning [J]. Hydrometallurgy, 2001, 60 (3): 199-213.

[39] BORRAS C, LAREDO T, SCHARIFKER B R. Competitive electrochemical oxidation of p-chlorophenol and p-nitrophenol on Bi-doped PbO_2 [J]. Electrochimica Acta, 2003, 48 (19): 2775-2780.

[40] ZHOU M H, DAI Q Z, LEI L C, et al. Long life modified lead dioxide anode for organic wastewater treatment: electrochemical characteristics and degradation mechanism [J]. Environmental Science & Technology, 2005, 39 (1): 363-370.

[41] WANG X, HUANG W M, LI H T, et al. Comparison between performances of PbO_2 and F-doped PbO_2 anodes for electrochemical degradation of aniline [J]. Chemical Research in Chinese Universities, 2010, 26 (6): 991-995.

[42] XIA Y J, DAI Q Z, WENG M L, et al. Fabrication and electrochemical treatment application of an Al-doped PbO_2 electrode with high oxidation capability, oxygen evolution potential and reusability [J]. Journal of the Electrochemical Society, 2015, 162 (10): 258-262.

[43] DUAN X Y, SUI X Y, WANG W Y, et al. Fabrication of PbO_2/SnO_2 composite anode for electrochemical degradation of 3-chlorophenol in aqueous solution [J]. Applied Surface Science, 2019, 494 (15): 211-222.

[44] TONG S P, MA C A, FENG H. A novel PbO_2 electrode preparation and its application in organic degradation [J]. Electrochimica Acta, 2008, 53 (6): 3002-3006.

[45] MUNICHANDRAIAH N. Physieochemical properties of electrodeposited β-lead dioxide: effect of deposition current density [J]. Journal of Applied Electrochemistry, 1992, 22 (1): 825-829.

[46] MCGEACHIN S G. Synthesis and properties of some β-diketimines derived from acetylacetone, and their metal complexes [J]. Canadian Journal Chemistry, 1968, 46 (11): 1903-1912.

[47] 于德龙, 覃奇贤. 低析氧过电位 PbO_2 电极的研究 [J]. 材料研究学报, 1995, 9 (3): 250-254.

[48] LAREW, L A, GOROON J S, HSIAO Y L, et al. Application of an electrochemical quartz crystal microbalance to a study of pure and bismuth-doped

beta-lead dioxide film electrodes [J]. Journal of the Electrochemical Society, 1990, 137 (10): 3071-3078.

[49] HUET F, MUSIANI M, NOGUEIRA R P. Electrochemical noise analysis of O_2 evolution on PbO_2 and PbO_2-matrix composites containing Co or Ru oxides [J]. Electrochimica Acta, 2003, 48 (27): 3981-3989.

[50] SHIOTA M, KAMEDA T, MATSUI K, et al. Electrochemical properties of lead dioxides formed on various lead alloy substrates [J]. Journal of Power Sources, 2005, 144 (2): 358-364.

[51] SORIA M L, VALECIANO J, OJEDA A. Development of ultra high power, valve-regulated lead-acid batteries for industrial applications [J]. Journal of Power Sources, 2004, 136 (2): 376-382.

[52] DAS K, MONDAL A. Studies on a lead-acid cell with electrodeposited lead and lead dioxide electrodes on carbon [J]. Journal of Power Sources, 2000, 89 (1): 112-116.

[53] GHASEMI S, MOUSAVI M F. Energy storage capacity investigation of pulsed current formed nano-structured lead dioxide [J]. Electrochima Acta, 2006, 52 (4): 1596-1602.

[54] SIMON P, GOGOTSI Y. Materials for electrochemical capacitors [J]. Nature Materials, 2008 (7): 845-854.

[55] FRACKOWIAK E, BÉGUIN F. Carbon materials for the electrochemical storage of energy in Capacitors [J]. Carbon, 2001, 39 (6): 937-950.

[56] CONWAY B E, BIRSS V, WOJTOWICZ J. The role and utilization of pseudocapacitance for energy storage by supercapacitors [J]. Journal of Power Sources, 1997, 66: 1-14.

[57] ZHENG J P, CYGAN P J, JOW T R. Hydrous ruthenium oxide as an electrode material for electrochemical capacitors [J]. Journal of the Electrochemical Society, 1995, 142 (8): 2699-2703.

[58] PATIL U M, KULKARNI S B, JAMADADE V S, et al. Chemically synthesized hydrous RuO_2 thin films for supercapacitor application [J]. Journal of Alloys and Compounds, 2011, 509 (5): 1677-1682.

[59] BURKE A. R&D considerations for the performance and application of electrochemical capacitors [J]. Electrochimica Acta, 2007, 53 (3): 1083-1091.

[60] YU N F, GAO L J, ZHAO S H, et al. Electrodeposited PbO$_2$ thin film as positive electrode in PbO$_2$/AC hybrid capacitor [J]. Electrochimica Acta, 2009, 54 (14): 3835-3841.

[61] YU N F, GAO L J. Electrodeposited PbO$_2$ thin film on Ti electrode for application in hybrid supercapacitor [J]. Electrochemistry Communications, 2009, 11 (1): 220-222.

[62] KAZARYAN S A, LITVINENKO S V, KHARISOV G G. Self-discharge of heterogeneous electrochemicalsupercapacitor of PbO$_2$H$_2$SO$_4$C related to manganese and titanium ions [J]. Journal of the Electrochemical Society, 2008, 155 (6): 464-473.

[63] KAZARYAN S A, KHARISOV G G, LITVINENKO S V, et al. Self-discharge related to iron ions and its effect on the parameters of HES PbO$_2$H$_2$SO$_4$C Systems [J]. Journal of the Electrochemical Society, 2007, 154 (8): 751-759.

[64] LAM L T, LOUEY R. Development of ultra-battery for hybrid-electric vehicle applications [J]. Journal of Power Sources, 2006, 158 (2): 1140-1148.

[65] FURUKAWA J, TAKADA T, MONMA D, et al. Further demonstration of the VRLA-type ultrabattery under medium-HEV duty and development of the flooded-type ultrabattery for micro-HEV applications [J]. Journal of Power Sources, 2010, 195 (4): 1241-1245.

[66] LAMA L T, LOUEY R, HAIGH N P, et al. VRLA ultrabattery for high-rate partial-state-of-charge operation [J]. Journal of Power Sources, 2007, 174 (1): 16-29.

[67] CONG Y, WU Z. Electrocatalytic Generation of Radical Intermediates over Lead Dioxide Electrode Doped with Fluoride [J]. Journal of Physical Chemistry C, 2007, 111: 3442-3446.

[68] AI S Y, GAO M N, ZHANG W, et al. Preparation of fluorine-doped lead dioxide modified electrodes for electroanalytical applications [J]. Electroanalysis, 2003, 15 (17): 1403-1409.

[69] YEO I H, JOHNSON D C. Effect of groups IIIA and VA metal oxides in electrodeposited β-PbO$_2$ dioxide electrodes in acidic media [J]. Journal of Electrochemical Society, 1987, 134 (8): 1973-1977.

[70] NIELSEN B S, DAVIS J L, THIEL P A. Surface properties of PbO_2 and Bi – modified PbO_2 electrodes [J]. Journal of Electrochemical Society, 1990, 137 (4): 1017–1022.

[71] KAWAGOE K T, JOHNSON D C. Oxidation of phenol and Benzene at bismuth – doped lead dioxide electrodes in acidic Solutions [J]. Journal of Electrochemical Society, 1994, 141 (12): 3404–3409.

[72] POPOVIĆND, COX J N, JOHNSON D C. A mathematical model for anodic oxygen – transfer reactions at Bi (V) – doped PbO_2 – film electrodes [J]. Journal of Electroanalytical Chemistry, 1998, 456 (1): 203–209.

[73] FENG J R, JOHNSON D C. Titanium substrates for pure and doped lead dioxide films [J]. Journal of Electrochemical Society, 1991, 138 (11): 3328–3337.

[74] FENG J R, JOHNSON D C. Fe – deped beta – lead dioxide electrodeposited on noble metals [J]. Journal of Electrochemical Society, 1990, 137 (2): 507–510.

[75] AI S Y, GAO M N, ZHANG W, et al. Preparation of Ce-PbO_2 modified electrode and its application in detection of anilines [J]. Talanta, 2004, 62 (3): 445–450.

[76] MUSIANI M, FURLANETTO F, BERIDNCELLO R. Electrodeposited PbO_2 + RuO_2: a composite anode for oxygen evolution from sulphuric acid solution [J]. Journal of Electroanalytical Chemistry, 1999, 465 (2): 160–167.

[77] CATTARIN S, GUERRIERO P, MUSIANI M. Preparation of anodes for oxygen evolution by electrodeposition of composite Pb and Co oxides [J]. Electrochimica Acta, 2001, 46 (26): 4229–4234.

[78] VELICHENKO A B, AMADELLI R, BARANOVA E A, et al. Electrodeposition of Co – doped lead dioxide and its physicochemical properties [J]. Journal of Electroanalytical Chemistry, 2002, 527 (1): 56–64.

[79] CASELLATO U, CATTARJN S, GUERRIERO P, et al. Anodic synthesis of oxide – matrix composites, composition, morphology, and structure of PbO_2 – matrix composites [J]. Chemistry of Materials, 1997 (9): 960–966.

[80] CAI T X, JU H, WU H R, et al. The property of β-PbO_2 electrode by adding of nanograde TiO_2 powders [J]. Rare Metal Matedals and Engineering, 2003,

32（7）：558-560.

[81] ESSWEIN A J, MCMURDO M J, ROSS P N, et al. Size-dependent activity of Co_3O_4 nanoparticle anodes for alkaline water electrolysis [J]. The Journal of Physical Chemistry C，2009，113（33）：15068-15072.

[82] DENG M J, HUANG F L, SUN I W, et al. An entirely electrochemical preparation of a nano-structured cobalt oxide electrode with superior redox activity [J]. Nanotechnology，2009，20（17）：175602-175607.

[83] MEHER S K, RAO G R. Ultralayered Co_3O_4 for high-performance supercapacitor applications [J]. The Journal of Physical Chemistry C，2011，115（31）：15646-15654.

[84] XIA X H, TU J P, MAI Y J, et al. Self-supported hydrothermal synthesized hollow Co_3O_4 nanowire arrays with high supercapacitor capacitance [J]. Journal of Materials Chemistry，2011，21（25）：9319.

[85] LI L L, CHU Y, LIU Y, et al. A facile hydrothermal route to synthesize novel Co_3O_4 nanoplates [J]. Mater. Lett，2008，62（10）：1507-1510.

[86] LIU X H, QIU G Z, LI X G. Shape-controlled synthesis and properties of uniform spinel cobalt oxidenanocubes [J]. Nanotechology，2005，16（12）：3035-3040.

[87] 刘冬梅，赵海军，曹洁明，郑明波，刘劲松. 溶剂热-热解法制备具有纳米孔结构的Co_3O_4 [J]. 无机化学学报，2008，24（4）：636—640.

[88] QING X X, LIU S Q, et al. Facile synthesis of Co_3O_4 nanoflowers grown on Ni foam with superior electrochemical performance [J]. Electrochim. Acta，2011，56（14）：4985-4991.

[89] GUAN H, SHAO C, WEN S, et al. A novel method for preparing Co_3O_4 nanofibers by using electrospun PVA/cobalt acetate composite fibers as precursor [J]. Mater. Chem. Phys，2003，82（3）：1002-1006.

[90] GU Y, JIAN F, WANG X. Synthesis and characterization of nanostructured Co_3O_4 fibers used as anode materials for lithium ion batteries [J]. Thin Solid Films，2008，517（2）：652-655.

[91] BAYDI M E, POILLERAT G, REHSPRINGER J. A sol-gel route for the preparation of Co_3O_4 catalyst for oxygen eletrocatalysis in alkaline medium [J]. Journal of Solid State Chemistry. 1994，109（2）：281-288.

［92］ 王晓慧，王子忱，李熙等. 超微粒 Co_3O_4 的合成与表征［J］. 高等学校化学学报. 1991, 11（11）：1421-1424.

［93］ CHEN Y T, WANG S, CHEN Z P, et al. Synthesis of Co_3O_4 nanoparticles with controllable size and their catalytic property［J］. Solid State Sciences, 2018, 82: 78-83.

［94］ ARDIZZONE S, BIANCHI C L, TIRELLI D. Mn_3O_4 and γ-MnOOH powders, preparation, phase composition and XPS characterization［J］. Colloids and Surfaces A: Physicochemical and Engineering Aspects, 1998, 134（3）：305-312.

［95］ ZHANG K, HAN X P, HU Z, et al. Nanostructured Mn-based oxides for electrochemical energy storage and conversion［J］. Chemical Society Review, 2015, 44（3）：699-728.

［96］ LIU X D, CHEN C Z, ZHAO Y Y, et al. A review on the synthesis of manganese oxide nanomaterials and their applications on lithium-ion batteries［J］. Journal of Nanomaterials, 2013（3）：1-7.

［97］ YANG L X, LIANG Y, CHEN H, et al. Controlled synthesis of Mn_3O_4 and $MnCO_3$ in a solvothermal system［J］. Materials Research Bulletin, 2009, 44（8）：1753-1759.

［98］ SEO W S, JO H H, LEE K, et al. Size-dependent magnetic properties of colloidal Mn_3O_4 and MnO nanoparticles［J］. Angewandte Chemie International Edition, 2004, 43（9）：1115-1117.

［99］ 潘其经. 四氧化三锰的性质、用途及质量标准［J］. 中国锰业, 1998, 16（2）：42-45.

［100］ HU C C, WU Y T, CHANG K H. Low-temperature hydrothermal synthesis of Mn_3O_4 and MnOOH single crystals: determinant influence of oxidants［J］. Chemistry of Materials, 2008, 20（9）：2890-2894.

［101］ CHEN Z W, LAI J K L, SHEK C H. Shape-controlled synthesis and nanostructure evolution of single-crystal Mn_3O_4 nanocrystals［J］. Scripta Materialia, 2006, 55（8）：735-738.

［102］ AHMED K A M, ZENG Q M, WU K B, et al. Mn_3O_4 nanoplates and nanoparticles: synthesis, characterization, electrochemical and catalytic properties［J］. Journal of Solid State Chemistry, 2010, 183（3）：744-751.

[103] WANG H L, CUI L F, YANG Y, et al. Mn_3O_4 - graphene hybrid as a high - capacity anode material for lithium ion batteries [J]. Journal of the American Chemical Society, 2010, 132 (40): 13978 - 13980.

[104] WANG J M, KHOO E, LEE P S, et al. Controlled synthesis of WO_3 nanorods and their electrochromic properties in H_2SO_4 electrolyte [J]. The Journal of Physical Chemistry C, 2009, 113 (22): 9655 - 9658.

[105] LEE S H, DESHPANDE R, PARILLA P A, et al. Crystalline WO_3 nanoparticles for highly improved electrochromic applications [J]. Advanced Materials, 2006, 18 (6): 763 - 766.

[106] ASIM N, RADIMAN S, YARMO M A. Synthesis of WO_3 in nanoscale with the usage of sucrose ester microemulsion and CTAB micelle solution. Materials Letters [J], 2007, 61 (13): 2652 - 2657.

[107] CHENG W, BAUDRIN E, DUNN B. Synthesis and electrochromic properties of mesoporous tungsten oxide [J]. Journal of Materials Chemistry, 2001, 11 (1): 92 - 97.

[108] ZAYIM E O, LIU P, LEE S, et al. Mesoporous sol - gel WO_3 thin films via poly (styrene - co - allyl - alcohol) copolymer templates [J]. Solid State Ionics. 2003, 165 (1): 65 - 72.

[109] 徐英明, 程晓丽, 高山, 等. 焦绿石型WO_3超微粉体的水热合成与表征[J]. 哈尔滨理工大学学报, 2002, 7 (6): 70 - 74.

[110] WANG J, KHOO E, LEE P S, et al. Synthesis, assembly, and electrochromic properties of uniform crystalline WO_3/r3/r nanorods [J]. The Journal of Physical Chemistry C, 2008, 112 (37): 14306 - 14312.

[111] JING D I, HAN S X, XI K G, et al. One - step solvothermal synthesis of feather duster - like CNT@WO_3 as high - performance electrode for supercapacitor [J]. Materials Letters, 2019, 246 (1): 129 - 132.

[112] SUNA S, ZOUA Z, MIN G. Synthesis of bundled tungsten oxide nanowires with controllable morphology [J]. Materials Characterization, 2009, 60 (5): 437 - 440.

[113] MARTINEZ D E L A, CRUZ A, MARTINEZ D S, CUELLAR E L. Synthesis and characterization of WO_3 nanoparticles prepared by the precipitation method: Evaluation of photocatalytic activity under vis - irradiation [J]. Solid

State Sciences, 2010, 12 (1): 88-94.

[114] UPOTHINA S, SEEHARAJ P, YORIYA S, et al. Synthesis of tungsten oxide nanoparticles by acid precipitation method [J]. Ceramics International, 2007, 33 (6): 931-936

[115] LIU B, CHENG C W, CHEN R, et al. Fine structure of ultraviolet photoluminescence of tin oxide nanowires [J]. The Journal of Physical Chemistry C, 2010, 114 (8): 3407-3410.

[116] SHI L, BAO K Y, CAO J, et al. Controlled fabrication of SnO_2 solid and hollow nanocubes with a simple hydrothermal route [J]. Applied Physics Letters, 2008, 93 (152511): 1-3.

[117] DAS S, KAR S, CHAUDHURIC S. Optical properties of SnO_2 nanoparticles and nanorods synthesized by solvothermal process [J]. Journal of Applied Physics, 2006, 99 (114): 1-7.

[118] ZHAO Q R, ZHANG Z G, DONG T, et al. Facile synthesis and catalytic property of porous tin dioxide nanostructure [J]. The Journal of Physical Chemistry B, 2006, 110 (31): 15152-15156.

[119] JIA Y, HE L F, GUO Z, et al. Preparation of porous tin oxide nanotubes using carbon nanotubes as templates and their gas-sensing properties [J]. The Journal of Physical Chemistry C, 2009, 113 (22): 9581-9587.

[120] ANSARI S G, BOROOJERDIAN P, SAINKAR S R, et al. Grain size effects on H_2 gas sensitivity of thick film resistor using SnO_2 nanoparticles [J]. Thin Solid Films, 1997, 295 (1): 271-276.

[121] LAW M, KIND H, MESSER B, et al. Photochemical sensing of NO_2 with SnO_2 nanoribbon nanosensors at room temperature [J]. Angewandte Chemie International Edition, 2002, 41 (13): 2405-2408.

[122] SYSOEV V V, GOSCHNICK J, SCHNEIDER T, et al. A gradient microarray electronic nose based on percolating SnO_2 nanowire sensing elements [J]. Nano Letters, 2007, 7 (10): 3182-3188.

[123] SHI L, LIN L. Preparation of band gap tunable SnO_2 nanptubes and their ethanol sensing properties [J]. Langmuir, 2011, 27 (7): 3977-3981.

[124] KUMARA V, SENB S, MUTHEB K P, et al. Cooper doped SnO_2 nanowires as highly sensitive H_2S gas sensor [J]. Sensors and Actuators B: Chemical,

2009, 138 (6): 587-590.

[125] THONGA L V, HOAA N D, LEA D T T. On-chip fabrication of SnO_2-nanowires gas sensor: The effect of growth time on sensor performance [J]. Sensors and Actuators B: Chemical, 2010, 146 (1): 361-367.

[126] CHEN J S, CHEAH Y L, CHEN Y T, et al. SnO_2 nanoparticles with controlled carbon nanocoating as high-capacity anode materials for lithium-ion batteries [J]. The Journal of Physical Chemistry C, 2009, 113 (4): 20504-20508.

[127] ZHAO G H, CUI X, LIU M C, et al. Electrochemical degradation of refractory pollutant using a novel microstructured TiO_2 nanotubes/Sb-doped SnO_2 electrode [J]. Environmental Science & Technology, 2009, 43: 1480-1486.

[128] SUBRAMANIAN V, BURKE W W, ZHU H W, et al. Novel microwave synthesis of nanocrystalline SnO_2 and its electrochemical properties [J]. The Journal of Physical Chemistry C, 2008, 112 (12): 4550-4556.

[129] STERMTZKE M, DUPAS E, TWIGG P. Surface mechanical properties of alumina matrix nanocomposite [J]. Acta Materialia, 1997, 45 (10): 3963-3973.

[130] 董世运, 徐滨士, 马世宁. 纳米颗粒复合刷镀层性能研究及其强化机制探讨 [J]. 中国表面工程, 2003 (3): 17-21.

[131] JEONG D H, GONZALEEZ F, PALUMBO G, et al. The effect of grain size on the wear properties of electro-deposited nanoctrystalline nickl coating [J]. Scripta Materialia, 2001, 44 (3): 493-499.

[132] 陈卫祥, 甘海洋, 涂江平, 陈文录, 夏军保, 汪久根, 徐铸德, 周国桢. Ni-P-纳米碳管化学复合镀层的摩擦磨损特性 [J]. 摩擦学学报, 2002, 22 (4): 241-244.

[133] 于爱兵, 韩廷水, 韩鹰. 镍基Si_3N_4复合镀层的摩擦磨损特性 [J]. 润滑与密封, 2006, 4 (176): 67-69.

[134] 张永忠, 孙克宁, 姚枚. 化学镀Ni-P-PTFE的工艺及性能 [J]. 功能材料, 1999, 30 (1): 88-90.

[135] 朱立群, 李卫平. 电沉积Ni-W非晶态合金复合镀层研究 [J]. 功能材料, 1999, 30 (1): 85-87.

[136] ZHANG Y, PENG X, WANG F. Development and oxidation at 800℃ of a novel electrodeposited Ni-Cr nanocomposite film [J]. Materials Letters, 2004, 58 (6): 1134-1138.

[137] 彭晓, 李铁藩, 李美栓, 等. Ni-La$_2$O$_3$复合镀层对Ni抗高温循环氧化性能的影响 [J]. 金属学报, 1996, 22 (2): 180-186.

[138] BENEA L, BONORA P L, BORELLO A, et al. Wear corrosion properties of nano-structured SiC-nickel composite coatings obtained by electroplating [J]. Wear, 2002, 249 (10): 995-1003.

[139] 王健雄, 陈小华, 彭景翠, 等. 碳纳米管镍基复合镀层材料耐腐蚀性的初步研究 [J]. 腐蚀与防护, 2002, 23 (1): 6-9.

[140] 周苏闽, 王红艳. 一种化学复合镀层的研制及其耐腐蚀性研究 [J]. 表面技术, 1999 (6): 7-9+51.

[141] 吴元康, 余焜, 熊晓辉, 等. 纳米晶金刚石织构粒子增强银基电接触复合镀层的研究 [J]. 电镀与涂饰, 2002, 21 (3): 6-11.

第 2 章 复合电沉积法

2.1 引言

金属基复合功能材料的制备方法主要有热分解法[1]、离子共沉积法[2]以及复合电沉积法[3]等。这些方法中，复合电沉积法因其操作简单且可控性强而备受关注。

在当今材料科学的发展中，复合材料是新型材料的一个重要分支，因其具有许多比单相材料独特的物理机械性能，更可优化材料。复合电沉积是获得复合材料镀层的表面强化新工艺，所得镀层与许多单金属及合金相比，有较高的硬度，更好的耐磨性、自润滑性，有特殊的装饰外观及电接触、电催化等功能，扩展了材料的应用范围，延长了材料的使用寿命。与热加工制备的复合材料比较，以电沉积得到的复合镀层在一定程度上更易控制材料的组成和性能。所谓复合电沉积，就是在电镀或化学镀溶液中加入非水溶性的固体微粒，使其与主体金属共沉积在基材上的涂覆工艺，所得到的镀层称为复合镀层。

复合电沉积是用电沉积的方法，使金属与无机颗粒、有机颗粒或金属颗粒共同沉积，以形成复合镀层。复合电沉积技术在国外已有 90 多年历史，国内在 20 世纪 90 年代初期后才得以迅速发展[4-7]。应用复合电沉积技术可以获得许多具有特殊功能的复合材料镀层，诸如耐磨镀层、耐高温镀层、减摩镀层、耐磨自润滑镀层、高温耐磨镀层、高温自润滑镀层、耐腐蚀镀层、分散强化镀层、特殊装饰镀层等，在机械、航空、汽车以及电子工业中有着广泛的应用前景[8-11]。

复合电沉积法最早的应用要追溯到 1928 年[12]，这种方法用来制备汽车引擎上的铜-石墨电极复合镀层。从 20 世纪 50 年代初到 60 年代末，关于这方面的研究渐渐增多[13]。在 20 世纪 70 年代到 80 年代这段时间，研究的热点主要集中在加强膜的机械强度、防腐、耐磨的性质。直到在 20 世纪 90 年代初，Kunugi 等率先采用复合电沉积法制备 Ni + PTFE，并将其用于电催化氧化有机物[14-15]。此后，Musiani、Kawai、Yoneyama、Kuwabata 等研究人员陆续开展了一系列研究，利用该法制备出多种催化、光敏、储能等复合功能材料[16-20]。

随着纳米技术的发展，复合电沉积法与纳米技术相结合，根据电结晶理论和弥散强化理论，通过电化学方法，使一种或几种不溶性纳米固体颗粒与金属离子在电极表面发生共沉积，纳米粒子被包裹在基质金属氧化物中，从而获得纳米复合功能性材料。

复合电沉积法具有以下优点：

（1）设备简单，可控性强：①纳米粒子的颗粒尺寸是可控的；②悬浮液中粒子的量可控；③掺入粒子的种类受限小。

（2）复合电沉积法规律性强，只需对单一的基质金属的沉积工艺参数进行优化即可。

（3）灵活易操作，沉积条件稍加改变，便可制备出不同种类的复合镀层。

2.2 金属电沉积的理论基础

2.2.1 电铸的基本原理

电沉积是利用电解池内金属离子还原制备涂层或零件的一种技术。电解质在电解液中由于电离而形成阴、阳离子，未通电时，阴、阳离子在溶液中是自由移动的。通电后，由于电场力的作用，阴、阳离子开始定向流动：阳离子流向阴极，阴离子流向阳极，在阳极上发生氧化反应，金属原子失去电子变成阳离子进入电解液，导致金属逐渐溶解；在阴极上发生还原反应，电解液中的阳离子得到电子，还原成金属原子并结晶沉积在阴极表面。

电沉积包含液相传质、表面转化、金属离子还原为金属原子（电子转移步骤）和金属原子结晶形成金属晶体等步骤[21]。其中，电解液中参与反应的离子在阴阳极间的传递过程称为液相传质，离子在电极表面液膜内进行电荷交换前的前置转化称为表面转化，电子转移是指在电极界面进行电子交换的过程，电结晶是金属离子形成金属原子或金属氧化物分子后在电极表面生成新的固相镀层的过程。这些步骤是串联的，整体反应速率由反应最慢的步骤控制。阴极极化是电化学反应中的重要现象，可分为浓差极化和电化学极化两种。由于物质迁移缓慢而造成的电极极化称为浓差极化，浓差极化会导致电极过电位变大，该过电位称为浓差极化过电位。由于金属离子在电极表面放电迟缓、电荷转移缓慢产生的阴极极化叫作电化学极化，由此形成的电极过电位称为结晶过电位，它是金属电沉积过程的动力。

2.2.2 金属电结晶及其主要形式

电沉积层在大多数情况下呈多晶态，包括柱状晶、层状晶，在特殊情况下呈非晶态结构，其结构取决于沉积过程的条件。金属离子在外加电场作用下的结晶过程称为电结晶，电结晶过程与溶液中因过饱和而形成的普通结晶过程类似，但不完全相同。电结晶过程与阴极表面状态、阴极附近溶液的化学和电化学过程密切相关，其中阴极极化在电结晶过程中发挥了主导作用。电结晶过程包括原有晶体的继续生长和新晶核的形成两个相互竞争的过程，原有晶体的继续生长包括金属离子"放电"和"长入晶格"两个步骤。电铸过程中，电流密度、电极电位、温度、电解液等影响着结晶层晶面和晶核的生长。

2.2.2.1 理想晶面的生长过程

研究已经证实，晶面上处于不同位置的金属原子具有不同的能量。在理想晶体的晶面上，金属原子可以处于如图 2-1 中所示的 a、b、c 三种位置，能量是依次降低的，能量越低越稳定。因此，晶面上的原子只有到达 c 位置后才能稳定下来。晶面的生长可能以几种不同的方式进行：

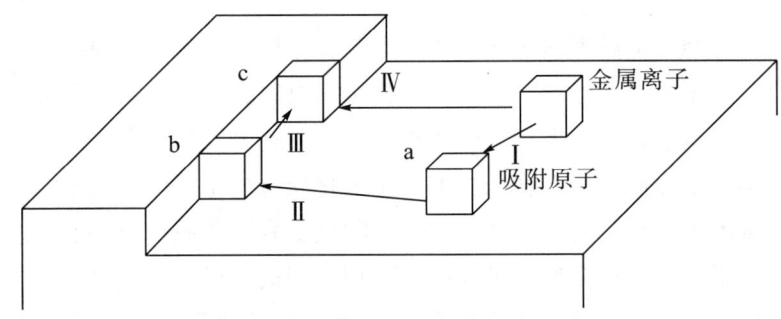

图 2-1 电结晶过程几种可能的历程[22]

（1）放电过程发生在"生长点"，如图中的过程Ⅳ所示。这时，放电步骤与电结晶步骤合二为一。

（2）放电过程在晶面上的任意点发生，形成晶面上的"吸附原子"，如图 2-1 中过程Ⅰ所示，这些吸附原子通过扩散转移到"生长线"和"生长点"上，如图 2-1 中过程Ⅱ和Ⅲ所示。此时，放电过程与结晶过程分别进行，在金属表面形成了一定浓度的吸附原子。

（3）热运动可能导致在晶面上扩散的吸附原子彼此之间偶然靠近，进而生成新的二维或三维原子簇，当这种原子簇达到特定尺寸时就有可能产生新晶核，形成新的"生长线"和"生长点"。

2.2.2.2 电结晶的形核过程

电结晶时，原子可以在原有晶面上延续生长，还可以生成新的晶核。如果能生成大量新的晶核，则晶粒就会很细小，这将改善电铸层的性能。在电结晶过程中，晶核的生成和晶粒的长大都需要能量，而能量来自界面电场，故阴极过电位是电结晶过程的动力源泉。

关于这方面的研究已非常成熟，形成了相应的理论。例如，生成新半球形晶核的临界条件和晶核形成速度为：

$$r_{临界} = \frac{\sigma V}{nF\eta} \tag{2-1}$$

$$\Delta G_{临界} = \pi \frac{\sigma^2 hV}{nF\eta} \tag{2-2}$$

$$V_{成核} = K\exp\left(-\pi \frac{\sigma^2 hV}{nF\eta}\right) \tag{2-3}$$

式中，$r_{临界}$ 为结晶临界形核半径；

　　　　$\Delta G_{临界}$ 为半球晶核形成过程的活化能；

　　　　σ 为表面自由能；

　　　　V 为摩尔体积；

　　　　F 为 Faraday 常数；

　　　　η 为阴极过电位；

　　　　n 为金属离子的价数。

由此可以看出：结晶临界形核半径 $r_{临界}$，活化能 $\Delta G_{临界}$ 以及新晶核的生成速度 $V_{成核}$ 和阴极过电位 η 之间有着密切的关系。阴极过电位决定了电沉积层中晶粒的大小和致密程度。阴极过电位愈高，则晶核愈容易生成，形核半径减小，晶核的数量愈多，沉积层结晶愈致密；相反，阴极过电位愈小，沉积层晶粒愈粗大。

2.2.2.3 实际晶面的生长过程

从理论上讲，理想晶面的生长过程是非连续过程，是分层进行生长的，每层开始时必须先生成二维晶核。但在实际中，大多数情况下在生长过程中并不要求先生成二维晶核，因为实际金属表面不是理想的完整界面，总是存在着非常多的空穴、位错等缺陷，晶面上的吸附金属原子扩散到位错台阶边缘时，就沿着位错线螺旋生长，即所谓螺旋位错生长，最终形成棱锥体。由于不受二维成核的限制，金属吸附原子的表面扩散速率决定了它的生长速率。如果晶面沿着位错线生长，特别是沿着螺旋位错线生长，生长线就会一直存在。沿着位错线生长所消耗能量较少，不需要过高的过电位，是晶体的主要生长方式。

已有的研究表明，如果是在很低的极化下进行电沉积过程，则沉积层晶粒粗大。在很高的极化下进行电沉积，沉积层晶粒细小，组织均匀致密。增大电流密度能够提高过电位，但过高的电流密度会引起严重的浓差极化，往往产生树枝状或海绵状沉积物。为了减小晶粒的尺度，还有采用添加剂进行细化晶粒的方法，其目的是提高电极反应本身的不可逆程度，维护液相中的平衡。有机表面活性物质在电结晶过程中吸附到晶面上，可以减小放电步骤的可逆性，促使新晶粒的生成速率增大；它们还可以吸附在原有晶面的生长点上，使得原有晶面的生长速率减缓。但是采用添加剂往往会导致电沉积层中有较多的杂物，影响金属镀层的纯度，甚至有时还引起镀层脆性增大以及与基体金属结合不佳等问题。

形核和螺旋位错生长是电结晶的结晶方式。当阴极过电位较小时，主要是通过吸附原子在阴极表面上的扩散并入晶格，属于螺旋位错生长，表面扩散速率决定了电沉积过程速率；而当电极过电位较高时，电结晶过程是形核结晶为主，电化学步骤是电极过程速率的控制步骤。

2.2.3 合金电电沉积的基本条件

合金电铸需要满足两个基本条件：

（1）合金中至少有一种金属能单独从其水溶液中电沉积出来。有些金属（如 W、Mo 等）单独无法从水溶液中电沉积出来，但可与另一些金属（如 Cu、Ni 等）从水溶液中共同电沉积。

（2）两种金属的析出电势接近或相等：

$$\varphi_{析} = \varphi_{平} + \Delta\varphi = \varphi^{\theta} + \frac{RT}{nF}\ln a + \Delta\varphi \tag{2-4}$$

式中，$\varphi_{析}$ 为析出电势；

$\varphi_{平}$ 为平衡电势；

$\Delta\varphi$ 为极化过电势；

a 为金属离子的活度。

两种金属离子在阴极上共沉积时，它们的析出电势相等，即

$$\varphi_1^0 + \frac{RT}{n_1F}\ln a_1 + \Delta\varphi_1 = \varphi_2^0 + \frac{RT}{n_2F}\ln a_2 + \Delta\varphi_2 \tag{2-5}$$

从标准电位看，只有少数金属可以从简单盐溶液中实现合金电铸。但需要指出的是，一般金属的析出电位与标准电位是不完全一样的，离子的络合状态、过电位等因素都影响着金属的析出电位。故仅从标准电位来判断合金能否实现电铸具有很大的局限性。若金属标准电位相差不大，就可通过改变金属离子的浓度（或活度），降低电势较正金属离子的浓度，使它的电位负移，或者增大电位较负金属离子的浓度，使它的电位正移，从而使它们的析出电位相互接近。但这种方法仅适用于标准电位相差不大的情况，因为金属离子的活度每增加或降低 10 倍，其平衡电位分别正移或负移 29 mV。

2.3 复合电沉积机理

2.3.1 复合电沉积机理概述

复合电沉积法分为阴极沉积和阳极沉积两种沉积方式，其反应方程分别如下所示：

阳极沉积反应式：

$$M^{n+} + particles - me^- \rightarrow MO^{(m+n)} - matrix\ composite \qquad (2-6)$$

阴极沉积反应式：

$$M^{n+} + particles + ne^- \rightarrow M - matrix\ composite \qquad (2-7)$$

复合电沉积的过程主要分为以下几个步骤，如图 2-2 所示[23]：①镀液中的离子形成离子云，包裹在粒子表面；②由于电场的影响，该粒子向阴极/阳极移动；③通过扩散作用先通过动力边界层；④再通过浓度边界层；⑤最后吸附在阴极/阳极表面，随金属/金属氧化物的沉积被捕获进入镀层。

目前，复合电沉积机理主要有三种理论[24]，即吸附机理、力学机理和电化学机理。三种机理的侧重点不同，都只能解释部分现象。吸附机理认为，微粒在阴极上的吸附是共沉积的先决条件，影响因素是微粒与阴极表面的范德华力。力学机理认为，微粒在力的作用下运动到阴极表面被生长的金属所俘获，流体力学的因素很重要。电化学机理认为，微粒吸附正离子在电场作用下产生共沉积，电场作用影响最大。根据以上几种理论，出现的比较有代表性的数学模型有六种，如表 2-1 所示[25]。

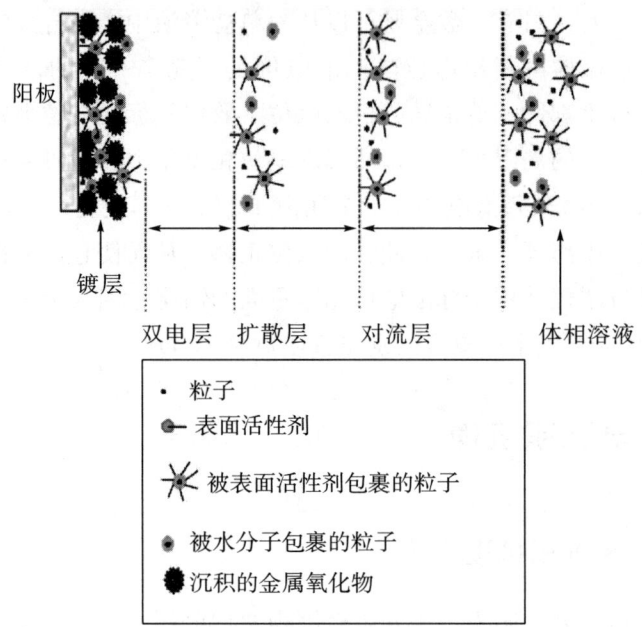

图2-2 复合电沉积过程示意图

表2-1 复合电沉积理论模型

模型	沉积条件				参考文献
	复合物	粒子大小	沉积电流密度（mA/cm²）	旋转圆盘速率（rpm）	
Guglielmi模型，1972	Ni/TiO$_2$ Ni/SiC	1~2	20~100	未给出	[26]
MTM模型，1987	Cu/Al$_2$O$_3$ Au/Al$_2$O$_3$	0.05	0~90	400~600	[27]
运动轨迹模型，1992	Cu/PS	11	0~80	0~700	[28]
	Ni/SiC	0.01~10	0~200	0~2000	[29]
Hwang模型，1993	Co/SiC	3	1~60	400	[30]
Vereecken模型，2000	Ni/Al$_2$O$_3$	0.3	5~40	500~2000	[31]
Guglielmi修正模型，2002	Ni/PTFE	0.5	10~70	400~1000	[32]

为解释复合电铸过程中颗粒物质趋向电极,并被夹带进入沉积层的现象,先后提出过多种机理来揭示该过程的作用机制,对实验过程中的各种现象加以解释。1962 年 Whithers 提出表面带有正电荷的微粒是在电泳的作用下向阴极移动并与金属离子实现共沉积。Martin 和 Williams 于 1964 年提出微粒是被搅拌的镀液带向阴极,并被生长着的金属层捕捉的。1967 年 Brandes 和 Goldthorpe 提出存在一种静电力能够将微粒长时间附着在阴极上,以便与生长着的金属层共沉积。经过多年的理论和实验研究,人们普遍认为,微粒与金属共沉积过程可以划分为以下三个步骤[24]:

(1) 溶液中悬浮的颗粒由溶液向阴极表面附近输送。该步骤主要由搅拌方式、搅拌强度等因素决定。

(2) 微粒吸附在阴极表面。颗粒和电极的特性、溶液的成分、添加剂及工艺条件决定着该步骤。

(3) 微粒被阴极上的还原金属嵌入。吸附在阴极表面的微粒在阴极表面停留时间必须超过极限时间,才有可能被还原金属"俘获"。微粒在电极上的附着力、溶液的流动对吸附在阴极表面微粒的冲击、金属还原的速率等决定着该步骤。

总之,复合电铸之所以能够实现,是微粒与镀液的流场、电场、浓度场及金属晶体结晶相互作用的结果。归纳前人的研究,可以发现复合电铸机理包括吸附机理、力学机理和电化学机理[33],根据这些机理,研究人员分别建立了不同的模型来描述复合电铸过程。目前,较有影响的模型主要有 Guglielmi 模型、MTM 模型、运动轨迹模型、Valdes 共沉积模型、Hwang 共沉积模型等。

2.3.2 几种机理的提出

人们从上述几种观点出发,并随着对复合电镀实际经验的逐步积累,提出了几种机理来试图揭示这一过程的作用机制,并加以解释上述及后来观察到的实验现象,总结起来有三种机理。

2.3.2.1 吸附机理

该机理认为颗粒与金属共沉积必须通过颗粒在阴极上吸附才能发生,而吸附产生于颗粒与阴极表面的范德华力。一旦颗粒吸附在阴极表面上,颗粒便被生长的金属埋入。

2.3.2.2 力学机理

该机理认为颗粒携带的电荷在共沉积过程中意义不大,颗粒只是通过简单的力学过程被包裹。颗粒被运动的流体传递到阴极表面，一旦接触阴极，便靠外力停留其上，在停留时间内被生长金属俘获。根据搅拌之强弱，颗粒撞击电极表面的频率或高或低，搅拌强度不同，停留时间亦不同。因此，认为共沉积过程依赖于流体动力因素和金属沉积速率。

2.3.2.3 电化学机理

该机理认为电极与溶液界面间场强和微粒表面所带电荷是复合电镀的关键因素，归纳起来有几点：①颗粒在镀液中的电泳迁移速率是控制复合电沉积过程的关键；②颗粒穿越电极表面的分散层的速率及与电极表面形成的静电吸附强度是控制该过程的关键，③颗粒部分穿越电极表面的紧密层。吸附在颗粒表面的水化金属离子阴极还原，使得颗粒表面直接与沉积金属接触，从而形成一颗粒-金属键，该过程为共沉积过程的控制步骤。

对于以上几种理论，人们很难区分它们之间的相对重要性，更无法形成一个统一的认识，只能认为，对于某些体系或实验现象，其中某种理论能给予更好的解释。比如利用力学机理可以解释微观分散能力对复合电沉积的影响以及那些荷负电或不带电的颗粒的复合电沉积过程，而电化学机理则无能为力。

另外，搅拌因素对复合电沉积的影响也只能用力学机理来分析。对于电解液种类、pH 值和温度等因素对复合镀过程的影响，用力学机理解释便行不通，而电化学机理可以给出如下解释：颗粒在不同电解液中，对不同金属离子吸附能力不同，表面电荷密度便不同，由此引起颗粒共沉积能力不同；pH 值不同，颗粒对于 H^+ 吸附能力不同，pH 越高，颗粒表面吸附 H^+ 越多，当颗粒抵达电极表面并部分进入紧密层后，H^+ 脱附且还原，阻碍了颗粒-电极键的形成，出现颗粒"漂浮"现象，从而降低了颗粒沉积的速率；对于温度的影响，电化学机理认为是由于不同温度导致小颗粒表面荷电状态不同而引起的。为了判别复合电沉积过程属于何种机理控制，有学者根据电流密度的影响曾提出了一简明的判据。电流密度 i_k 增大，金属电沉积速度加快。如果在不太大的电流密度区间内忽略电流效率变化之影响，则随着 i_k 增加，金属沉积量按比例增长。在液流作用下，碰撞到阴极表面的微粒并不能全部被电沉积的金属俘获而进入镀层，只能嵌合住其中的一部分，其余的又受液流冲刷回到溶液中。若以 p 表示碰撞到阴极上并最后被金属俘获的微粒在其总量中所占的分数，则微粒在镀层中的含量可表示如下：

$$a_V = \frac{Kp}{i_k} \quad (2-8)$$

式中 K 为比例常数。如果复合电沉积只受流体动力因素之影响，则 p 与 i_k

无太大关系；如果该过程作用机制是电化学机理，则 i_k 增大，界面场强增大，加快了颗粒在双层区的传递速率，从而导致颗粒在单位时间内与阴极冲击频率的增大，这样 p 值将随 i_k 有明显变化。因此，可以用 p 的相对变化率 f 来区别两种机理。

$$f = \frac{p_1}{p_2} = \frac{a_{V1} \times i_{k1}}{a_{V2} \times i_{k2}} \qquad (2-9)$$

式中，p_1 和 p_2 以及 a_{V1} 和 a_{V2} 分别为在电流密度为 i_{k1} 和 i_{k2} 情况下的 p 值以及 i_k 值。假若力学机理为主要作用机制，那么 $f \approx 1$；对于电化学机理，一般认为 $f < 1$。有人曾利用上述判据解释了电流密度对 Al_2O_3 在硫酸盐镀铜体系中复合电沉积的影响。White 等认为在高电流密度区，复合电沉积过程为力学机理。若以 p_m 表示这一区域的 p 值，则 p_m 值不随 i_k 变化，$f \approx 1$。在低电流密度区，由于颗粒上吸附的金属离子还原需要更多的能量，脱附发生困难，出现颗粒"漂浮"现象，因而使得这一区域的 p 值小于 p_m 值。而且随 i_k 增加，p 值增大，直至"漂浮"现象完全消失，达到 p_m 值。这样便解释了在低 i_k 区，a_V 随 i_k 增加而增加，在高 i_k 区，a_V 随 i_k 增加而下降的现象。高电流密度区的现象亦与浓差极化有关。以上的讨论把两种机理放在同一体系中同时加以考虑，对问题的认识有很大启发，不过两种机理发生相互转变的确切原因还很难说清楚，而且认为在某一电流密度下，转变突然发生，把两种理论机械区分开来，未免处理得有些绝对化。总之，这些机理仍存在很多问题，有待进一步完善。

2.3.3　Guglielmi 模型

Guglielmi 将吸附与电泳作用对复合电铸的影响结合在一起，提出了两步吸附理论[26]（见图 2-3）：

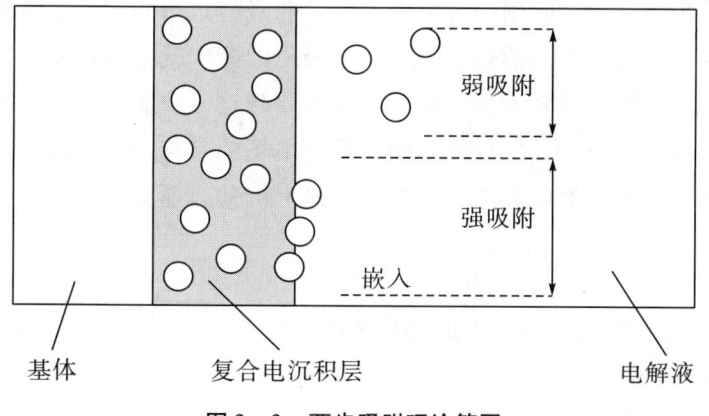

图 2-3　两步吸附理论简图

（1）表面带有吸附离子的颗粒首先弱吸附于阴极表面，这时颗粒表面被吸附离子层包围，阴极表面弱吸附为物理吸附，是可逆的过程。

（2）一部分弱吸附颗粒表面的离子层被还原，颗粒表面不再完全被吸附离子层包围，粒子与阴极之间发生强吸附，颗粒被还原的金属埋入沉积层中。这个过程是不可逆过程。

该模型认为，强吸附步骤是整个复合电铸过程的速率控制步骤，这种吸附具有电化学性质。模型通过数学处理，就可以得出定量关系式。微粒的弱吸附和强吸附在电极表面占据一定的电极表面积，其覆盖度可定义为：

$$\delta = \frac{S_1}{S} \qquad (2-10)$$

$$\theta = \frac{S_2}{S} \qquad (2-11)$$

式中，δ 为弱吸附的微粒所占据的面积与阴极表面积的比值；

θ 为强吸附的微粒所占据的面积与阴极表面积的比值；

S_1 为弱吸附的微粒所占据的面积；

S_2 为强吸附的微粒所占据的面积；

S 为阴极面积。

由于阴极表面被强吸附的颗粒占去了一部分（θ），其余部分（$1-\theta$）才是发生弱吸附的区域，所以弱吸附的微粒所占据的面积与阴极表面积的比值公式中应当再引入系数（$1-\theta$），即

$$\delta = \frac{K_{C_V}}{1 + K_{C_V}}(1-\theta) \qquad (2-12)$$

式中，K_{C_V} 为弱吸附微粒相关的 lougnnccir 常数，与温度有关。

在弱吸附转变为强吸附的过程中，处于弱吸附状态的微粒是强吸附的反应参与物。所以，弱吸附的覆盖度越大，强吸附的速率就应当越大。需要一定的能量微粒从弱吸附才能转变到强吸附，即需要越过一个能垒，此能垒与电极和溶液界面间的电场有关。因此强吸附必须有电场的参与，该过程与高过电位区电场对电极反应速度影响类似。颗粒在电极上的共析速度为

$$\frac{dV_p}{dt} = \delta v_0 e^{B\eta} \qquad (2-13)$$

式中，V_p 为颗粒在电极上的共析速度；

t 为时间；

v_0 为常数；

B 为常数；

η 为阴极过电位。

将式（2-12）代入式（2-13）中，有

$$\frac{dV_p}{dt} = v_0 e^{B\eta}(1-\theta)\frac{K_{C_V}}{1+K_{C_V}} \qquad (2-14)$$

设电流效率为 100%，根据 Faraday 定律可以求出金属电沉积速度

$$\frac{dV_m}{dt} = \frac{Wi_k}{nF\rho_m} \qquad (2-15)$$

式中，W 为金属的原子量；

i_k 为金属电沉积的电流密度；

n 为金属离子的价数；

F 为 Faraday 常数；

ρ_m 为被沉积金属的密度。

引入 Butler-Volmer 公式，电流与过电位之间的关系用 Tafel 方程来表示，并考虑到强吸附的不导电颗粒已占据部分电极面积，使金属电沉积的有效面积减小，故引入因子 $(1-\theta)$，得

$$i_k = (1-\theta)i_0 \exp\left(\frac{\alpha F\eta}{RT}\right) \qquad (2-16)$$

式中，i_k 为阴极电流密度；

α 为还原反应的传递系数；

F 为 Faraday 常数；

R 为摩尔气体常数；

T 代表温度；

i_0 为金属电沉积的交换电流密度；

η 为阴极过电位。

将式（2-16）代入式（2-15）中，有

$$\frac{dV_m}{dt} = \frac{Wi_0}{nF\rho_m}(1-\theta)\exp\left(\frac{\alpha F\eta}{RT}\right) \qquad (2-17)$$

当强吸附是复合电铸的控制步骤时，颗粒嵌入沉积层的速度等于强吸附速度。单位电极面积上沉积金属的速度与微粒的强吸附速度之比等于复合电铸层中金属的体积分数 $(1-\alpha_V)$ 与沉积层中微粒的体积分数 α_V 之比。

$$\frac{\alpha_V}{1-\alpha_V} = \frac{dV_p/dt}{dV_m/dt} \qquad (2-18)$$

其中，$\alpha_V = \dfrac{V_p}{V_p + V_m}$。

将式（2-18）和式（2-21）代入式（2-22），即得

$$\frac{(1-\alpha_V) C_V}{\alpha_V} = \frac{Wi_0}{nF\rho_m v_0} e^{(A-B)\eta} \left| \frac{1}{K} + C_V \right| \qquad (2-19)$$

式中，$A = \dfrac{\alpha F}{RT}$；

C_V 为镀液中颗粒分散量；

α_V 为共析量；

F 为法拉第常数；

W、ρ_m 分别为镀层金属的原子量和密度；

n 为镀层金属离子获得电子的数目；

i_0 为交换电流密度；

η 为阴极过电位；

K、A、B、v_0 都是有关常数。

该式将沉积层中颗粒的嵌入量与阴极过电位联系在一起，反映了复合电铸的主要特性。此模型在许多体系已经被证明是正确的，如 Ni-SiC、Cu-Al$_2$O$_3$、Ni-TiO$_2$ 等。但该模型没有考虑搅拌、溶液、pH 值、温度及颗粒尺寸等的影响，还有待于进一步发展、完善。

2.3.4 MTM 模型

Celis 等在对 Cu-Al$_2$O$_3$ 体系的研究中发现 Guglielmi 模型不能解释复合电铸层中颗粒的嵌入量在某个特定电流密度存在最高值这一现象，因此他们提出了 MTM 模型[27]。它的前提是颗粒一旦进入镀液，就形成一层包裹离子吸附层，吸附在颗粒表面的金属离子只有被还原到一定程度时才发生共沉积。该模型提出了五步沉积机理，如图 2-4 所示。第一步是颗粒进入溶液中后，立刻在镀液中与金属离子形成吸附层；第二步是颗粒在搅拌等流体力学作用下到达扩散层边界；第三步是颗粒通过扩散作用穿越扩散层抵达阴极表面，产生弱吸附；第四步是颗粒表面的吸附金属离子开始还原；第五步是当还原到一定程度时，微粒发生强吸附而被永久地嵌入镀层。

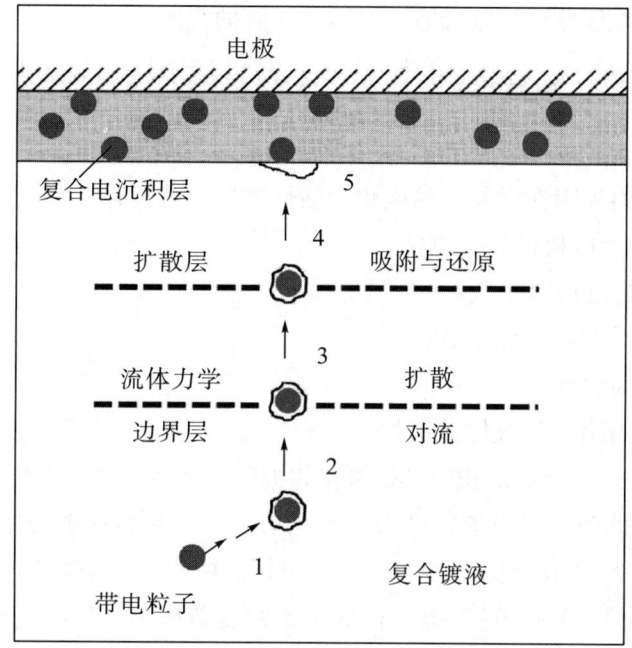

图 2-4 MTM 模型五个步骤示意图

复合电铸层中嵌入的颗粒质量分数 W_t（%）可由下式计算：

$$W_t(\%) = \frac{W_p N_p P}{W_i + W_p N_p P} \quad (2-20)$$

式中，W_p 为单个颗粒的质量；

N_p 为单位时间内通过扩散层到达单位面积阴极表面的颗粒数；

P 为颗粒发生共沉积的概率；

W_i 为单位时间内单位面积镀层由于金属沉积作用所增加的重量。

该模型最大的优点是考虑了流体力学因素和界面电场强度对复合电沉积的影响，由于该模型中各变量均对应于可测量的物理量，因此该模型能很好地了解和分析共沉积过程中各种可控因素，并被 Cu-Al$_2$O$_3$、Ag-Al$_2$O$_3$ 等体系所证实。但它不能通用于所有复合电铸情况。

2.3.5 其他机理方面的研究概述

Valdes 模型[33]认为颗粒在到达电极表面一定距离内，便会无一例外并瞬间地被生长着的金属不可逆地俘获，这是瞬间的无限快速沉积。吸附在颗粒上的金属离子在阴极开始电化学还原，这提高了复合电铸中颗粒与电极的键合力。因此，阴极过电位是复合电铸微粒被嵌入的主要驱动力，共沉积速度可用

Butler-Volmer 方程导出，复合电铸时微粒嵌入的速度为：

$$i_p = k^0 c_s n \left\{ \exp\left(-\frac{\alpha n F}{RT}\eta_\alpha\right) - \exp\left(-\frac{(1-\alpha)}{RT}\eta_\alpha\right) \right\} \quad (2-21)$$

式中，k_0 为依赖于 c_s 的标准电化学反应速度常数；

c_s 为吸附在微粒上的电化学活性物质的浓度；

η_α 为电极反应过电位；

n 为反应电子数；

R 为摩尔气体常数；

T 为温度；

α 为阴极反应传递系数。

针对 Ni-SiC 复合电沉积时 SiC 颗粒共析量（体积分数）h 与电流密度的关系曲线中有一峰值，在电流密度未达到峰值之前，颗粒在镀液中的浓度与 C_V 与沉积层中嵌入的 SiC 体积分数 h 之比呈线性关系；超过峰值电流密度之后，呈现非线性关系。Yeh 等[34]提出在低电流密度范围内，Ni-SiC 共沉积过程符合 Guglielmi 两步吸附理论，超过峰值电流密度之后，微粒的迁移速度决定了复合电铸沉积层中微粒的嵌入量。此时，Ni-SiC 复合电铸时嵌入 SiC 颗粒量可由下列公式确定

$$\frac{h}{1-h} = \frac{nFdf\omega C}{i\xi W} \quad (2-22)$$

式中，h 为颗粒的沉积量体积分数；

C 为颗粒在电解液中的浓度；

i 为电流密度；

ξ 为电流效率；

ω 为搅拌速度；

d 是沉积金属密度；

f 是搅拌速度与液体传输速度之间的转换因子；

n 是反应电子数；

F 是 Faraday 常数；

W 是沉积金属原子量。

Fransaer 和 Celis 在 MTM 模型的基础上提出了运动轨迹模型[28]。根据作用在颗粒上的多种作用力，例如流体场作用力、重力、浮力、电泳力、分散力、双电层力等，忽略颗粒的布朗运动，建立了颗粒的运动方程，求出单位时间内与电极表面碰撞颗粒的体积。如果有一部分颗粒能黏附在电极表面，并且

与电极的作用规律被确定,则有可能计算出颗粒的共沉积速度。根据这种模型,颗粒表面吸附的阳离子水化时的水化力和电极表面电荷形成的力较小时,颗粒就容易被沉积层俘获,嵌入沉积层中。该模型很好地解释了亲水和憎水的颗粒在复合电铸时的表现。

Hwang 提出新模型的基本内容为[30]:在不同的电流密度范围,吸附在微粒表面离子的电化学反应决定了复合电铸层中微粒的嵌入量,而它又是由流体力学参数和扩散参数所决定。他以 Co-SiC 复合电铸体系为研究对象,研究了不同电流密度范围的速度控制因素。参与反应的 H^+ 和 Co^{2+} 来源于溶液和 SiC 表面的吸附层,颗粒被嵌入沉积层经历了三个步骤:首先被强制对流带到电极表面吸附层,然后在阴极表面产生弱吸附,最后被嵌入沉积层中。复合沉积层中颗粒的嵌入量由 H^+ 和 Co^{2+} 的还原反应和液相传质共同决定:①在低电流密度区,只有 H^+ 得到还原,微粒的嵌入量由吸附 H^+ 的还原速度决定;②在中电流密度区,H^+ 的还原速度达到最大值,同时 Co^{2+} 开始还原,微粒的嵌入量取决于 Co^{2+} 的还原速度;③在高电流密度区,H^+ 和 Co^{2+} 的还原速度均达到极限值,扩散作用决定了微粒的嵌入量[30]。

此外,还存在"运动轨迹模型",该模型建立的出发点是考虑电极附近流体流动状况以及颗粒在电极上所受各种力的作用。对于非布朗型颗粒,不考虑扩散影响,通过建立颗粒的运动方程,便可决定其轨迹方程。在旋转圆盘电极上,通过极限轨迹分析方法,便可求得单位时间内碰撞到工作电极表面上颗粒的体积流量 J_p。如果碰撞到电极表面的颗粒有一部分黏附于其上,便有可能求出其共沉积速率。

因此,该模型提出了一滞留系数 P_i 的概念。P_i 为碰撞到电极表面上的某个颗粒被电极黏附并停留其上的概率,其值大小依赖于作用在其上的黏附力与切向力之比。Fransaer 等[28]考察了作用在颗粒上各种力的影响,这样便可求得滞留在电极上颗粒的体积流量 $J_p \cdot P_i$,并认为其就是颗粒的复合沉积速率。

该模型精细地考察了电极表面颗粒所受力以及流体场因素之影响,进一步深化了对于复合电沉积机理的认识,不足之处是没有很好地分析界面电场的影响。此外,还有并联吸附理论等,这里就不再一一赘述。总之,Guglielmi 模型是最基础的模型,其他模型都是在此基础上提出的,但所有模型都无法完美地解释所有的实验现象。

2.4 纳米复合电铸机理

前面介绍的复合电铸机理都是用微米量级的颗粒开展复合电铸实验验证的,以上理论是否适合颗粒尺度在纳米量级的纳米复合电铸还有待于理论分析和实验研究。由于纳米尺度粒子的特殊性,其机理研究非常少,下面仅介绍美国 Vereecken 等提出的基于力作用的纳米复合电铸模型[31]。

2.4.1 基于力作用的纳米复合电铸动力学模型

纳米颗粒在电解液中运动的速度与作用在纳米粒子上的力呈正比。

$$F_{\text{total}} = 6\pi\beta r_\text{p} v \tag{2-23}$$

式中,F_{total} 为颗粒受到的合力;

β 为溶液的黏度;

r_p 为纳米粒子半径;

v 为纳米粒子在溶液中的运动速度。

溶液中纳米粒子受到的力主要有由于化学梯度引起的扩散力 F_d 和重力 F_g,其中

$$F_\text{d} = \frac{K_\text{B}T}{c}\nabla c \tag{2-24}$$

$$F_\text{g} = \frac{4\pi r^3}{3}\rho g \tag{2-25}$$

式中,K_B 为玻耳兹曼常量;

T 是温度;

c 为扩散层溶液中纳米粒子平均浓度;

∇c 为扩散层中粒子通量。

当纳米复合电铸两个电极的摆放位置如图 2-5(a)所示时,溶液中纳米粒子受的合力为

$$F_{\text{total}} = F_\text{d} + F_\text{g} \tag{2-26}$$

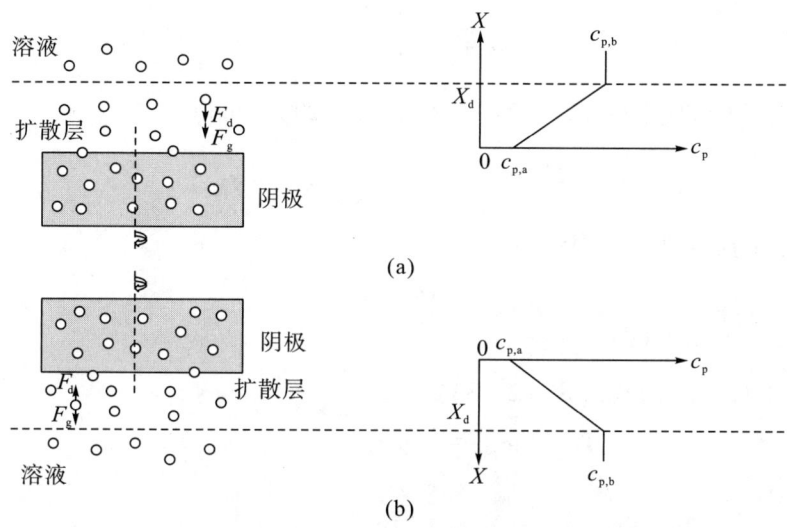

图 2-5 复合电沉积时纳米粒子受到的扩散力与重力示意图

当纳米复合电铸两个电极的摆放位置如图 2-5（b）所示时，溶液中纳米粒子受的合力为

$$F_{\text{total}} = F_d - F_g \tag{2-27}$$

这里仅考虑图 2-5（b）情况，故有

$$F_{\text{total}} = \frac{K_B T}{c}\nabla c - \frac{4\pi r_p^3}{3}\rho g = 6\pi\beta r_p v \tag{2-28}$$

式中，ρ 为纳米粒子浓度，g 为重力加速度。

纳米粒子通量 J_p 可以表示为

$$J_p = cv = \frac{K_B T}{6\pi\beta r_p}\nabla c - \frac{2\rho g r_p^2}{9\beta}c \tag{2-29}$$

按照 Fick 第一定律，纳米粒子扩散系数 D_p 可以表示为

$$D_p = \frac{K_B T}{6\pi\beta r_p} \tag{2-30}$$

根据 Nernst 扩散模型，可得

$$\nabla c = \frac{c_{p,b} - c_{p,s}}{x_d} \tag{2-31}$$

式中，$c_{p,b}$ 为溶液中纳米粒子溶度；

$c_{p,s}$ 为阴极表面纳米粒子溶度；

x_d 为扩散层厚度。

扩散层中纳米粒子的浓度是变化的，其中扩散层中纳米粒子平均浓度 c 可表示为

$$\nabla c = \frac{c_{p,b} + c_{p,s}}{2} \tag{2-32}$$

将式（2-30）~（2-32）代入式（2-29），可得

$$J_p = D_p + \frac{(c_{p,b} - c_{p,s})}{x_{dl}} - \frac{\rho g r^2}{9\beta}(c_{p,b} + c_{p,s}) \tag{2-33}$$

而扩散层厚度 x_{dl} 可表示为

$$x_{dl} = 1.61\beta^{1/6} D_p^{1/3} W^{-1/2} \tag{2-34}$$

式中，W 是电极的转速。

将式（2-34）代入式（2-33），有

$$J_p + 2Ac_{p,b} = (A+B)(c_{p,b} - c_{p,s}) \tag{2-35}$$

其中，

$$A = \frac{\rho g r_p^2}{9\eta} \tag{2-36}$$

$$B = 0.62 D_p^{2/3} \beta^{-1/6} W^{1/2} \tag{2-37}$$

阴极表面纳米粒子的通量与纳米粒子在复合电铸层中的嵌入量关系为

$$J_p = \frac{3V_{m,M}}{4\pi r^3 n F N_A} \frac{P_V}{1-P_V} i \tag{2-38}$$

式中，$V_{m,M}$ 是复合电铸层中金属摩尔体积；

n 是金属离子的价数；

N_A 为阿伏伽德罗数；

P_V 是复合电铸层中嵌入纳米粒子的体积百分比，也就是

$$\frac{V_p}{V_{metal}} = \frac{4\pi r_p^3 F N_A}{3V_{m,M}}(B-A) c_{p,b} \tag{2-39}$$

这说明纳米粒子的嵌入量取决于纳米粒子的扩散层及纳米粒子重量，他们通过大量实验已经证实，纳米粒子的重量由于数值太小，对纳米粒子在溶液中的运动可以忽略，因此对嵌入量根本无法产生大的影响。

2.4.2 磁场辅助条件下纳米复合电铸动力学模型的建立

在研究磁性复合电铸层时，本书提出在纳米复合电铸施加根据一个梯度变化的磁场以提高复合电铸层中纳米磁性粒子的嵌入量。这里，根据前面的复合电铸理论，建立基于力作用的纳米磁性粒子复合电铸的动力学模型。

根据2.4.1节的结论，纳米粒子的重量对纳米粒子在复合电铸层中的嵌入量可以忽略，因此，纳米磁性粒子在扩散层中受到的合力 F_{total} 与纳米磁性粒

子的扩散力 F_d 及由于磁场引起的磁力 $F_{magnetic}$ 有关，而纳米颗粒在电解液中的速度与作用在纳米粒子上的力呈正比。

$$F_{total} = F_d + F_{magnetic} = 6\pi\beta r_p v \tag{2-40}$$

其中 F_d 与 2.4.1 节相同，也就是

$$F_d = \frac{K_B T}{c}\nabla c \tag{2-41}$$

由于在本研究中磁场的方向与电场方向一致，因此，纳米磁性粒子受到的洛仑兹力为零，但纳米磁性粒子在具有磁场梯度的环境中受到了磁场力，故纳米磁性粒子在磁场中受到的力 $F_{magnetic}$ 为[35]

$$F_{magnetic} = \frac{1}{2}m_0\mu\,\psi_0 \text{grad} H_0^2 = m_0\mu\,\psi_0 H_0 \frac{dH_0}{dx} \tag{2-42}$$

式中，m_0 为纳米磁性粒子的质量；

μ 为溶液磁导；

ψ_0 为纳米磁性粒子质量磁化系数；

H_0 为磁场强度。

将式（2-41）、（2-42）代入式（2-40），有

$$\frac{K_B T}{c}\nabla c + m_0\mu\,\psi_0 \frac{dH_0}{dx} = 6\pi\beta r_p v \tag{2-43}$$

进行与 2.4.1 节一样的公式推导，最终得到纳米复合电铸层中嵌入的纳米磁性粒子含量

$$\frac{V_p}{V_{metal}} = \frac{4\pi r^3 z F N_A}{3V_{m,M}}(B\text{-}C)\,c_{p,b} \tag{2-44}$$

其中

$$B = 0.62 D_p^{2/3} \beta^{-1/6} W^{1/2} \tag{2-45}$$

$$C = m_0\mu\,\psi_0 \frac{\rho r^2 H_0}{9\eta}\frac{dH_0}{dx} \tag{2-46}$$

由此可见，在具有一定磁场梯度的磁场辅助纳米磁性粒子复合电铸时，复合沉积层中的磁性粒子与扩散层及磁场梯度密切相关，通过施加具有一定梯度的磁场，使得复合沉积层中嵌入的纳米磁性粒子含量得到有效提高，这从理论上证实了施加梯度磁场有助于纳米磁性粒子复合电铸嵌入纳米强磁性粒子量的提高。

尽管人们对复合电沉积机理的研究做了许多工作，但顺利到达阴极后，以什么样的力黏附于其上，然后又是以怎样的棋式被俘获，对于这样关键性问题的认识尚不完全清晰。未来研究的重点如果放在颗粒/阴极接触区域的局部界

面电场和电流密度的变化和分布状况的精细描述上,也许对问题的认识和棋型的发展都有一定的帮助。总之,复合电沉积机理须进一步完善和发展。

参考文献

[1] HAMDANI M, PEREIRA M I S, DOUCH J, et al. Physicochemical and electrocatalytic properties of Li-Co$_3$O$_4$ anodes prepared by chemical spray pyrolysis for application in alkaline water electrolysis [J]. Electrochimica Acta, 2004, 49 (9): 1555 – 1563.

[2] DALCHIELE E A, CATTARIN S, MUSIAIN M, et al. Electrodeposition studies in the MnO$_2$ + PbO$_2$ system: formation of Pb$_3$Mn$_7$O$_{15}$ [J]. Journal of Applied Electrochemistry, 2000, 30 (1): 117 – 120.

[3] SINGH V B, PANDEY P. Electrodeposition of Ni composites andnanocomposites from aqueous organic solution [J]. Journal of New Materials for Electrochemical Systems, 2005, 8 (4): 299 – 303.

[4] 徐滨士. 表面工程与维修 [M]. 北京: 机械工业出版社, 1996: 366 – 369.

[5] 曲敬信, 汪涨宏. 表面工程手册 [M]. 北京: 化学工业出版社, 1998: 157 – 163.

[6] 董允, 张延森, 林晓娉. 现代表面工程技术 [M]. 北京: 机械工业出版社, 2000: 219 – 251.

[7] 郭鹤桐. 复合镀层 [M]. 天津: 天津大学出版社, 1991: 434 – 437.

[8] 仝毅, 陈鹏万, 恽寿榕. 爆轰合成超微金刚石及其在复合镀层中的应用 [J]. 材料保护, 1999, 32 (6): 29 – 30.

[9] 彭群家, 穆道彬, 马莒生, 等. Ni-ZrO$_2$复合电沉积机理的研究 [J]. 电化学, 1999, 5 (1): 68 – 70.

[10] 朱诚意. 国内复合镀层最新进展及应用技术 [J]. 电镀与环保, 1998, 18 (1): 3 – 5.

[11] 丹尼斯 J K, 萨奇 T E. 镀镍和镀铬新技术 [M]. 孙大梁, 等, 译. 北京: 科学技术文献出版社, 1997.

[12] FINK C G, PRINCE J D. The codeposition of copper and graphite [J]. Transctions of the American Electrochemicol Society, 1928, 54 (1): 315 – 321.

[13] WILLIAMS R V. Electrodeposited composite coatings [J]. Electroplating and

Metal Finishing, 1966, 19 (3): 92-96.

[14] KUNUGI Y, FUCHIGAMI T, NONAKA T, et al. Electrolysis using composite-plated electrodes: Part II. Electrooxidation of alcohols at a hydrophobic nickel/poly (tetrafluoroethylene) composite-plated anode [J]. Journal of Electroanalytical Chemistry and Interfacial Electrochemistry, 1990, 287 (2): 385-388.

[15] KUNUGI Y, KUMADA R, NONAKA T, et al. Electrolysis using composite-plated electrodes: Part III. Electroorganic reactions on a hydrophobic Ni/PTFE composite-plated nickel electrode [J]. Journal of Electroanalytical Chemistry and Interfacial Electrochemistry, 1991, 313 (1): 215-225.

[16] MUSIANI M. Electrodeposition of composites: an expanding subject in electrochemical materials science [J]. Electrochimica Acta, 2000, 45 (20): 3397-3402.

[17] MUSIANI M, FURLANETTO F, BERTONCELLO R. Electrodeposited PbO_2 + RuO_2: a composite anode for oxygen evolution from sulphuric acid solution [J]. Journal of Electroanalytical Chemistry, 1999, 465 (2): 160-167.

[18] KAWAI K, MIHARA N, KUWABATA S, et al. Electrochemical synthesis of polypyrrole films containing TiO_2 powder particles [J]. Journal of Electrochemistry Society, 1990, 137 (6): 1793-1796.

[19] YONEYAMA H, KISHIMOTO A, KUWABATA S. Charge-discharge properties of polypyrrole films containing manganese dioxide particles [J]. Journal of the Chemical Society, Chemical Communications, 1991, 15 (1): 986-987.

[20] KUWABATA S, KISHIMOTO A, TANAKA T, et al. Electrochemical synthesis of composite films of manganese dioxide and polypyrrole and their properties as an active material in lithium secondary batteries [J]. Journal of Electrochemistry Society, 1994, 141 (1): 10-15.

[21] 周绍民. 金属电沉积——原理与研究方法 [M]. 上海: 上海科学技术出版社, 1987.

[22] 张文峰. 镍基纳米复合电铸层制备工艺及其性能的基础研究 [D]. 南京: 南京航空航天大学, 2004.

[23] ROOS J R, CELIS J P, FRANSAER J, et al. The development of composite plating for advanced materials [J]. The Journal of the Minerals, Metals & Materials Society, 1990, 42 (11): 60-63.

[24] FRANSER J. Mechanism of composite electroplating [J]. Metal Finishing, 1993, 43 (6): 97-102.

[25] LOW C T J, WILLS R G A, WALSH F C. Electrodeposition of composite coatings containing nanoparticles in a metal deposit [J]. Surface & Coatings Technology, 2006, 201 (1): 371-383.

[26] GUGLIELMI N. Kinetics of the deposition of inert particles from electrolytic baths [J]. Journal of the Electrochemical Society, 1972, 119 (8): 1009-1012.

[27] CELIS J P, ROOS J R, BUELENS C. A mathematical model for the electrolytic codeposition of particles with a metallic matrix [J]. Journal of the Electrochemical Society, 1987, 134: 1402-1408.

[28] FRANSAER J, CELIS J P, ROOS J R. Analysis of the electrolytic codeposition of non-brownian particles with metals [J]. Journal of the Electrochemical Society, 1992, 139 (2): 413-425.

[29] MAURIN G, LAVANANT A. Electrodeposition of nickel/silicon carbide composite coatings on a rotating disc electrode [J]. Journal of Applied Electrochemistry, 1995, 25 (1): 1113-1121.

[30] HWANG B J, HWANG C S. Mechanism of codeposition of silicon carbide with electrolytic cobalt [J]. Journal of the Electrochemical Society, 1993, 140 (4): 979-984.

[31] VEREECKEN P M, SHAO I, SEARSON P C. Particle codeposition in nanocomposite films [J]. Journal of Applied Electrochemistry, 2000, 147 (7): 2572-2575.

[32] BERÇOT P, PEÑA-MUÑOZ E, PAGETTI J. Electrolytic composite Ni – PTFE coatings: an adaptation of Guglielmi's model for the phenomena of incorporation [J]. Surface and Coatings Technology, 2002, 157 (2): 282-289.

[33] VALDES J L. Electrodeposition of colloidal particles [J]. Journal of electrochemical society, 1987, 134 (4): C223-C225.

[34] YEH S H, WAN C C. A Study of Si C/Ni composite plating in the watts bath [J]. Plating and Surface Finishing, 1997, 84 (3): 54-57.

[35] SHAO I, VEREECKEN P M, CAMMARATA R C, et al. Kinetics of particle codeposition of nanocomposites [J]. Journal of the Electrochemical Society, 2002, 149 (11): C610-C614.

第3章 复合电沉积的影响因素

3.1 引言

复合电沉积最大特点是在保持基质金属性质的基础上，辅以复合相的特性，对基质金属进行强化或改性，从而使复合镀层的功能具有相当宽的自由度[1-5]。复合镀层的性能与固体颗粒在镀层中的含量有着密切的关系，而制备工艺条件如粒子浓度、镀液组成、基体材料、镀液中颗粒的分散稳定性、沉积电位/电流密度等工艺条件直接影响粒子在镀层的含量。本章对微粒特性、镀液组成、工艺条件以及其他工艺因素对复合电沉积的影响进行详细综述。

3.2 颗粒特性

3.2.1 粒径

一般来说，粒径较大的微粒沉降速度较快，比表面积小，比表面能也低，对镀液中正离子的吸附能力较弱，很难受到电场力的作用到达电极表面，而且被还原金属嵌合所需要的时间也较长，所以沉积过程相对困难。但是，如果微粒过于细小，则容易在镀液中黏结成块，也不利于沉积[6]。有研究表明，Al_2O_3微粒粒径为几微米时最容易沉积[1]，而SiC微粒粒径为十几微米时最容易沉积[7-8]。另外，微粒的粒度分布也要尽可能狭窄，否则制备悬浊液的难度就会增加，不利于微粒与基质金属的共沉积[9]。

多项研究发现，纳米颗粒对金属结晶过程的择优取向和晶粒细化有较大的促进作用，对金属镀层的改性效果要优于微米级的颗粒，但是纳米颗粒非常容易团聚，因此对颗粒的预处理工序要求很严格，或者需在镀液中添加分散剂[10-14]。

3.2.2 导电性

导电性好的微粒比较容易与基质金属实现共沉积。Celis等[15]的研究表明，导电微粒脱附离子所需的能量低于非导电微粒，也是造成导电微粒更容易实现共沉积的一个重要原因。

但是导电微粒会减小阴极极化，而且阴极电流容易在微粒沉积处产生尖端效应，使得镀层粗糙不平，甚至形成树枝状结晶[16]。所以，有时为了得到光滑镀层，需要在导电微粒表面浸上一层有机物以使其绝缘，或者向镀液中添加适量的表面活性剂，以提高阴极极化[1]。

3.2.3　润湿性

润湿性好的颗粒容易在镀液中充分、均匀地悬浮，因此容易与基质金属实现共沉积。但也有研究发现[17]，亲水性微粒，比如 SiC，易在镀液中悬浮，但是不易吸附在阴极上，所以共沉积量较少；而不亲水性微粒，比如 MoS_2，则容易吸附在阴极上并与 Ni-P 合金共沉积，但是所形成的复合镀层结构不致密，性能不佳。

3.2.4　晶型结构

微粒的晶型结构对复合共沉积也有较大影响。研究表明[1, 18]，$\alpha\text{-}Al_2O_3$ 微粒比 $\gamma\text{-}Al_2O_3$ 微粒更容易形成复合镀层。

3.3　镀液组成

3.3.1　微粒浓度

一般说来，随着微粒在镀液中浓度的增加，微粒与基质金属共沉积的量也相应增加，直到最后达到一个极限值。例如，在 $Zn\text{-}Fe\text{-}SiO_2$[19-20]、$Ni\text{-}Al_2O_3$[21-22]、$Co\text{-}Ni\text{-}Al_2O_3$[23]、$Ni\text{-}TiO_2$[15]、$Zn\text{-}Co\text{-}TiO_2$[24]、Ni-SiC[16]、Cr-SiC[25]、Ni-P-SiC[26]、$Cr\text{-}Ni\text{-}Al_2O_3$[27]、$Cu(Sn)\text{-}CaF_2$[28]等体系的研究中都发现了这样的规律。

当然，也有文献报道[29]，在复合镀层微粒含量与镀液微粒浓度的曲线中，仅仅表现为持续地上升，这有可能是因为镀液中微粒浓度还不够高。但是如果镀液中微粒的浓度过大，一方面会削弱镀液搅拌的效用，另一方面还会增加镀液中运动着的微粒对吸附在阴极表面上微粒的冲击作用，所以当镀液中微粒的浓度超过一定值时，还有可能降低镀层中微粒的含量，例如在 $Cu(Sn)\text{-}CaF_2$[28]、

Cu-Al$_2$O$_3$[29]、Ni-Si$_3$N$_4$[30]、Zn-SiO$_2$[31]等体系的研究中就发现了这样的现象。

例如,在1.40 V沉积电位下,复合共沉积制备的Co$_3$O$_4$/PbO$_2$复合电极,在制备过程中,通过调节Co$_3$O$_4$粒子浓度来控制电极材料的组成。图3-1为1.40 V沉积电位下,在不同Co$_3$O$_4$粒子浓度的镀液(pH = 3~4)中制备的PbO$_2$/Co$_3$O$_4$复合镀层中Co元素的原子百分含量(α)与镀液中Co$_3$O$_4$粒子浓度(C)的关系。如图3-1所示,随着镀液中纳米Co$_3$O$_4$粒子浓度的提高,嵌入镀层中粒子的含量也随之增大;但随着粒子浓度的不断增大,镀层中的粒子含量并不是无上限地增大,而是趋于一个极限值。

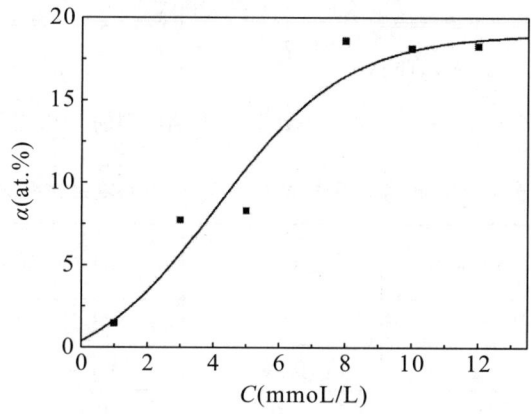

图3-1　α与nano-Co$_3$O$_4$粒子在镀液中浓度之间的关系

根据Guglielmi模型,Co元素百分含量α与溶液中粒子的浓度C之间的关系可表示为:

$$\alpha = \frac{1}{M\left(\frac{1}{\kappa C}+1\right)+1} \qquad (3-1)$$

其中,κ为与粒子吸附有关的常数,M与沉积电位有关。这表明α与粒子的吸附性质和沉积电位有关。如图3-1可知,我们的实验结果与Guglielmi模型相符。

通过恒流电镀制备的WO$_3$·H$_2$O/PbO$_2$复合电极材料,其粒子的浓度变化对复合共沉积的影响规律,也同样符合Guglielmi模型。如图3-2所示为不同WO$_3$·H$_2$O/PbO$_2$复合材料的EDX谱图,25 ℃下,控制沉积电流为35 mA,通过调节镀液中纳米WO$_3$·H$_2$O粒子浓度(0 mmol/L、2 mmol/L、4 mmol/L、6 mmol/L、8 mmol/L)制备出不同组成的WO$_3$·H$_2$O/PbO$_2$复合材料,通过EDX测定WO$_3$·H$_2$O/PbO$_2$复合材料的组成,如表3-1,并绘制α-C图,α

为元素的原子百分含量。

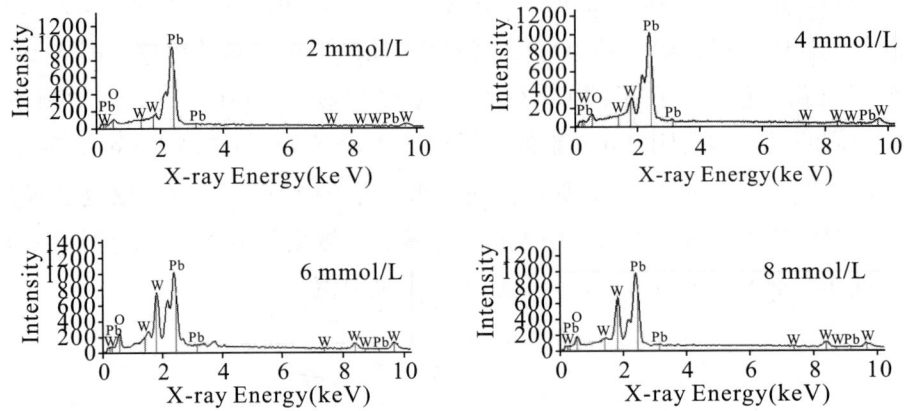

图3-2 不同 $WO_3·H_2O/PbO_2$ 复合材料的 EDX 谱图

表3-1 通过 EDX 测得的不同 $WO_3·H_2O/PbO_2$ 复合材料的组成成分

材料	C（mmol/L）	P_W（at.%）	α（Pb）（at.%）	W:Pb（原子个数比）
PbO_2	0	0	33.33	0:1
WO_3/PbO_2	2	0.78	44.45	0.018:1
	4	4.00	40.72	0.090:1
	6	10.30	19.96	0.516:1
	8	11.54	32.89	0.351:1

如图3-2所示，复合镀层中 W 元素的峰随镀液中纳米 $WO_3·H_2O$ 粒子浓度（C）的增大而增加，Pb 元素的峰在减小，表明 W 元素的相对含量在增大；又由表3-1镀液中粒子浓度的增大，使得复合镀层中 W 元素的原子百分含量 P_W 的值有明显的增加，即纳米 $WO_3·H_2O$ 粒子在镀层中沉积含量增加。

见图3-3为恒电流 35 mA 下，在不同浓度的纳米 $WO_3·H_2O$ 粒子镀液中制备的 $WO_3·H_2O/PbO_2$ 复合镀层中；P_W 与镀液中纳米 $WO_3·H_2O$ 粒子浓度（C）的关系。如图3-3所示，复合镀层中 $WO_3·H_2O$ 随着镀液中纳米 $WO_3·H_2O$ 粒子浓度的提高，含量也随之增大；但随着纳米 $WO_3·H_2O$ 粒子浓度的不断增大，复合镀层中的纳米 $WO_3·H_2O$ 粒子含量并不是无上限地增大，其值接近于一个极限。综上所述，镀液中纳米 $WO_3·H_2O$ 粒子浓度影响了 PbO_2 复合镀层中的物质组成。

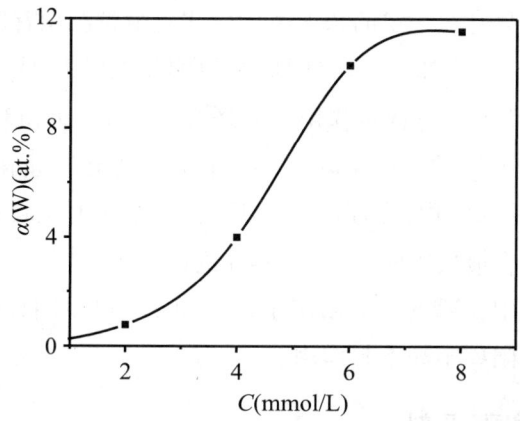

图 3-3 P_W 与纳米 $WO_3 \cdot H_2O$ 粒子在镀液中浓度之间的关系

3.3.2 表面活性剂

表面活性剂对复合电沉积的影响主要通过两个方面来体现：改变镀液中微粒的荷电状态及改变微粒的润湿性。

多项研究发现[21,25,32]，阳离子型表面活性剂可以吸附在微粒表面，使微粒显正电性，从而促进微粒的共沉积。但是过多的表面活性剂对微粒的吸附又有排斥作用，会降低微粒在镀层中的含量，比如在 $Zn-Co-TiO_2$[24]、$Zn-SiO_2$[33]等体系的研究中就发现了这样的现象。而阴离子型表面活性剂可以使微粒显负电性，大多是抑制微粒的沉积行为，$Ni-SiC$[16]、$Ni-P-SiC$[26]等体系的研究都证实了这一点。但是也有研究报道，阴离子表面活性剂或阴离子与非离子表面活性剂的联合使用会减少微粒的团聚现象，从而改善微粒在镀液中的分散性，提高微粒在镀层中的含量[6]。

但是，不管什么类型的表面活性剂，添加量过多时都会影响主体金属的沉积，使镀层质量变差，因此在使用时必须对其种类、浓度等进行严格的筛选和控制。

3.3.3 共沉积促进剂

为了提高微粒的沉积量，经常需要向镀液中加入一定的共沉积促进剂，比如 Tl^+、Cs^+、Rb^+、$4NH^+$ 及其他一价碱金属离子；或是高价金属离子，比如 Al^{3+}。

共沉积促进剂之所以能促进微粒进入复合镀层，普遍认为是由于其可以吸附在微粒表面，使微粒表面显正电性，从而提高了阴极对微粒的电场引力作用。共沉积促进剂只有在一定的浓度范围内才对微粒沉积有促进作用。比如电镀 Cu-Al_2O_3 体系[29]，添加 1 g/L 的 Tl^+ 可以明显地促进 Al_2O_3 微粒的共沉积，但 Tl^+ 的添加量增大时，其促进作用反而降低。另外，共沉积促进剂对微粒的促进作用也是有选择性的。据文献[34]报道，上述一价阳离子很难促使无定形 SiO_2 微粒与 Ni 共沉积，而适量的 Al^{3+} 能促进 SiO_2 微粒吸附更多的 Ni^{2+}，从而更容易形成复合镀层。而 Tomaszewski 的研究表明[35]，在非导电微粒与铜复合共沉积的过程中，适量一价阳离子，比如 Tl^+ 可以明显促进微粒共沉积，但是二价和三价的阳离子却不起作用。

3.3.4 光亮剂和整平剂

光亮剂和整平剂对复合共沉积通常是不利的，因为这些添加剂可以改善镀液的微观分散能力，微粒与沉积金属的接触可以看成是球形微粒与非常光滑的平面电极间的点接触，还原金属会对微粒产生较大的结晶压力，有可能从微粒的背后将微粒从电极表面上挤掉[36]。但是镀液微观分散能力太差的话，复合镀层结构不致密，又往往满足不了使用的要求。因此，光亮剂和整平剂也要适量使用。

3.3.5 某些特殊物质

有些特殊物质对微粒能够起到润湿或分散的作用，从而促进复合电沉积。比如，向镀铜液中加入适量碘离子或全氟乙基己基磺酸钾可提高 PTFE 的润湿性[1]；EDTA、乙二胺、氨基己酸、六次甲基四胺等有机物质可作为微粒的润湿剂[10,34,37]；体积分数为 5% 的乙醇、丙酮和苯乙烯可以作为纳米氧化铈颗粒的分散剂[10]；Ag^+ 可以促进 Al_2O_3 微粒与 Cu 的共沉积，而 Cl^- 不行；$NaNO_3$ 能提高 SiO_2^- 微粒与 Zn 的共沉积量[38]；Co$(NO_2)_6$ 络离子可以在 Ni-SiC 复合共沉积的过程中起到催化作用[12]；$CoCl_2$ 能提高 TiO_2 微粒的共沉积量[39]；某些稀土元素（例如 Ce）的化合物也可以使镀层中颗粒的含量提高许多[40]。但是也有些物质，比如 H_3BO_3[24,35]，对复合电沉积却起到抑制作用。

如图 3-4 所示为沉积电位为 1.40 V，nano-Co_3O_4 粒子在镀液中的浓度为 1 mmol/L 时，在纯水、水+乙醇、水+丙酮三个体系中得到的 Co_3O_4/PbO_2 电极镀层表面 Co 元素的原子百分含量 α 的示意图。在有机试剂与水的混合溶液中制备的复合物，其 Co 元素的原子百分含量 α 远大于水溶液制备的复合物，表明添加有机溶剂对 nano-Co_3O_4 的掺杂量影响很大。这可能是有机溶剂会改变镀液中纳米粒子的荷电状态及粒子的润湿性，从而减少纳米粒子的团聚现象，改善纳米粒子在镀液中的分散稳定性[7]，纳米粒子在镀液中悬浮的稳定性越高，越有利于粒子向镀层中嵌入。

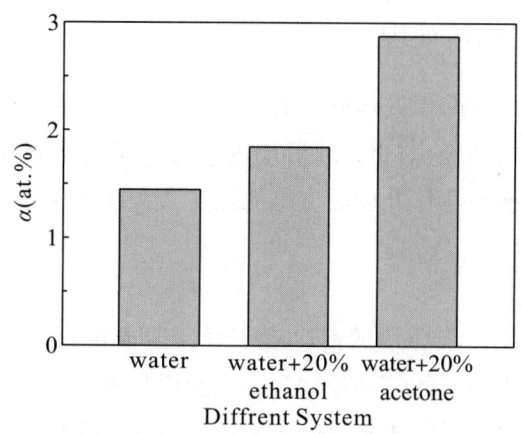

图 3-4　添加不同有机试剂对 α 的影响

通过测定各个不同镀液的透光率随时间的变化，从而确定 nano-Co_3O_4 粒子在不同体系中稳定性，其结果如图 3-5 所示。丙酮+水体系的透光率曲线（曲线 a）的斜率为最小，水+乙醇体系的居中（曲线 b），纯水体系的透光率曲线（曲线 c）的斜率最大，这说明纳米 Co_3O_4 粒子的稳定性（即电沉积液中的有效浓度），在丙酮+水体系最佳，乙醇+水体系中制备的次之，纯水中的则最差。所以，添加有机试剂的镀液中制备的复合物种，纳米 Co_3O_4 的含量比纯水中的高。

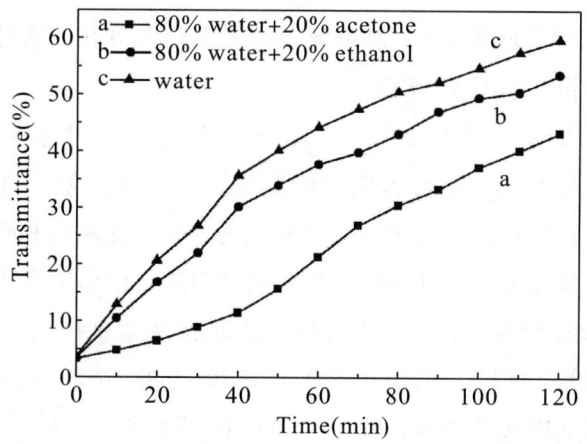

图 3-5　不同体系中纳米粒子的悬浮稳定性随时间的变化

3.4 工艺条件

3.4.1 固体颗粒的预处理

对固体颗粒进行镀前预处理的目的主要是增强其在镀液中的润湿性或分散性，比如超声波分散处理[11,41]，或者用丙酮等有机溶剂对微粒进行润渍。另外，对微粒进行裹镍导电化处理后，也能提高微粒在镀层中的含量[42]。

3.4.2 镀液温度

升高镀液的温度，将导致镀液黏度下降，造成微粒对阴极表面黏附力下降，还会导致镀液内离子的热运动加强，引起微粒表面对正离子吸附能力的降低。此外，温度升高将导致阴极过电位减小，电场力减弱，这些都对微粒嵌入镀层产生抑制作用，比如 Snaith 和郭鹤桐等都观察到了这样的现象[36,43]。但也有微粒含量随温度的上升而变化不大甚至增加的现象，比如 Cu-Al$_2$O$_3$[37]、Zn-Co-TiO$_2$[24]等研究体系，但是在文献中未给出确切的解释。

在相同镀液、相同沉积电位、不同镀液温度的条件下进行各复合物的制备，发现镀液温度的升高会引起镀液内离子和纳米粒子的热运动加强，导致纳米粒子在镀液中迅速团聚，20 min 内完全沉淀，致使无法施镀，故而选择沉积温度为室温，且以下复合物的制备均在室温下进行。这与 Snaith 和郭鹤桐等观察到的现象一致[8-9]。

分别在 5℃、25℃、45℃时，在含有 8 mmol/L WO$_3$ 纳米粒子的镀液中，以 35 mA 恒流条件下施镀 1 h，制备复合电极 WO$_3$/PbO$_2$。通过扫描电镜测试检测镀层表面形貌，如图 3-6 所示。

如图 3-6A 所示，在 5℃时，WO$_3$/PbO$_2$ 复合镀层几乎无法形成；如图 3-6C 所示，在 45℃时，电极表面形成龟裂不均匀的镀层，且镀层较薄。在这两个温度下进行的施镀过程中，同时发现纳米粒子无法顺利吸附在电极表面和镀层脱落的现象，无法得到 WO$_3$/PbO$_2$ 复合镀层。这可能是由于，当温度过低（5℃）时，影响 Pb^{2+} 的迁移和沉积，致使无法实现电沉积；当温度过高（45℃）时，镀液中的 Pb^{2+} 离子和 WO$_3$ 纳米粒子的热运动过强，导致 WO$_3$ 纳米粒子在复合镀液中快速团聚，并在 10 min 内基本沉淀，同时 PbO$_2$ 沉积速度过快，无法捕获 WO$_3$ 纳米粒子，形成复合镀层。如图 3-6B 所示，在 25℃下电镀所制得的镀层，表面形成均匀的团簇结构，且孔隙率大，表面可见 WO_3 纳米粒子的嵌入。这由于 WO_3 粒子具有电子导电性，使得 PbO_2 进行择优取向生长，致使 PbO_2 晶体簇之间形成了一定的空隙，因而使镀层表面的粗糙度提高。综上所述，该体系复合电沉积的温度为室温25℃最佳。

图3-6 不同温度下制备的 WO_3/PbO_2 电极表面 SEM 图像
A—5℃ B—25℃ C—45℃

镀液 pH 对复合共沉积的影响较大。随着 pH 的升高，阴极氢气的析出量将会减少，而且阴极表面附近容易发生局部碱化而生成高分散度的金属氢氧化物胶体，使得微粒更容易在阴极表面附着，这对形成复合镀层是有利的，比如在 Zn-Fe-SiO$_2$[19,44]、Ni-SiC[12,45]、Cu-Al$_2$O$_3$[37]、Zn-Co-TiO$_2$[24]、Ni-P-SiC[26] 等体系的研究中都发现了这种规律。但是如果 H^+ 能吸附于微粒表面上，则它将起着共沉积促进剂的作用，此时镀液 pH 上升也会导致微粒沉积量下降，古川直治在 Ni-Al$_2$O$_3$ 和 Ni-ZrO$_2$ 复合电镀的研究中就发现了这样的现象[46]。

3.4.3 沉积电流/电位密度

增大阴极电流密度可以提高基质金属的沉积速率，而且阴极的过电位会相应增大，因而阴极对吸附着正离子的固体微粒的静电引力增强，对微粒的沉积有一定的促进作用。比如，Ni-SiC[12]、Zn-Co-TiO$_2$[24]、Cr-Ni-Al$_2$O$_3$[27] 等体系的研究都发现了这种规律。但是如果基质金属沉积速率增加的程度超过了微粒被输送到阴极附近并嵌入镀层中的速率增加程度，则微粒在镀层中的含量将相对降低。此外，阴极电流密度的增大，可能导致析氢的加速，也会妨碍微粒与基质金属的共沉积，比如 Ni-SiC[8]、Ni-TiO$_2$[15] 等体系就出现了这样的现象。不过更多的研究发现，随着电流密度的增大，镀层内微粒含量先增大后减小，比如 Zn-Fe-SiO$_2$[19,44]、Ni-Al$_2$O$_3$[21]、Cu-Al$_2$O$_3$[37]、Ni-PTFE[47]、Ni-ZrO$_2$[48] 等体系。

$WO_3 \cdot H_2O/PbO_2$ 复合电极材料的恒流电镀 $E-t$ 曲线测试研究：25℃下，$WO_3 \cdot H_2O$ 纳米粒子的浓度为 8 mmol/L 时，在不同电流（5 mA、15 mA、25 mA、35 mA、45 mA）下测试 $E-t$ 曲线，如图3-7所示。

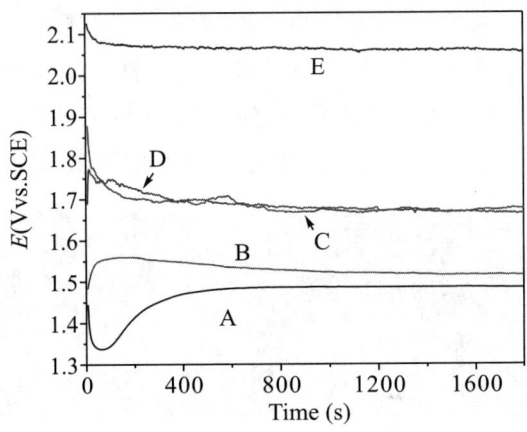

图 3-7 WO$_3$·H$_2$O/PbO$_2$ 体系在不同电流下电位与时间关系曲线

A—5 mA　B—15 mA　C—25 mA　D—35 mA　E—45 mA

如图 3-7 所示，随着施加的恒电流数值增大，阳极的电压也随之增大，稳定电压范围在 1.45~2.1 V 之间，结合 pH-电位[77]可知，在 pH 为 3~4 的镀液中，电压值达到 1.4 V 以上，Pb^{2+} 开始氧化沉积为 PbO$_2$，但电压过高会使沉积速度过快，并且伴随严重的析氧。当分别施加 5 mA 到 45 mA 恒电流时，初期均出现极短的电压上升过程，这是在通电的一瞬间，阳极表面双电层充电所导致。施加 45 mA 恒电流时，电压一直处于过高的析氧电位；施加 35 mA 和 25 mA 的电流，曲线呈先短暂上升后下降的过程，400 s 后电压基本稳定在 1.7 V 左右，且两条曲线基本一致；电流为 5 mA 和 15 mA 时，曲线呈先短暂上升然后下降再上升的趋势，可能是因为沉积电流小，经过开始双电层充电稳定的阶段需要时间较长，于是便在沉积过程的 $i-E$ 曲线上显现出来。从以上结果，沉积电流范围可选 25~45 mA，最佳沉积电流可以通过不同沉积电流制备的 WO$_3$·H$_2$O/PbO$_2$ 复合材料，并对其进行电化学测试来确定。

图 3-8 为组成不同的 WO$_3$·H$_2$O/PbO$_2$ 复合电极材料在 1 mol/L H$_2$SO$_4$ 溶液中的循环伏安曲线图，采用 10 mV/s 的扫描速度测试，测试采用三电极体系测试，对电极为活性炭电极，参比电极为饱和甘汞电极。

如图 3-8 所示，该循环伏安曲线对称性良好，在 1.25 V 附近有一对不明显的氧化还原峰，可能是 Pb^{4+} 与 Pb^{2+} 的转化形成氧化还原反应；在 -0.5~-0.1 V 之间则出现了一对明显的氧化还原峰，此氧化还原反应可逆，WO$_3$·H$_2$O/PbO$_2$ 复合材料因此显示出了赝电容性能；在 0~1.68 V 范围内的曲线类似矩形，且未发现显著的化学反应峰，此时 H$_2$SO$_4$ 溶液中正、负离子在外加电场影响下，在 $WO_3 \cdot H_2O/PbO_2$ 复合电极的表面形成了双电层电容。由图 3-8 还可以看出，随着沉积电流的提高，复合电极材料的循环伏安曲线峰电流先变大后变小，曲线积分面积有同样规律，说明沉积电流为 35 mA 制备的 $WO_3 \cdot H_2O/PbO_2$ 复合材料的赝电容性最好。

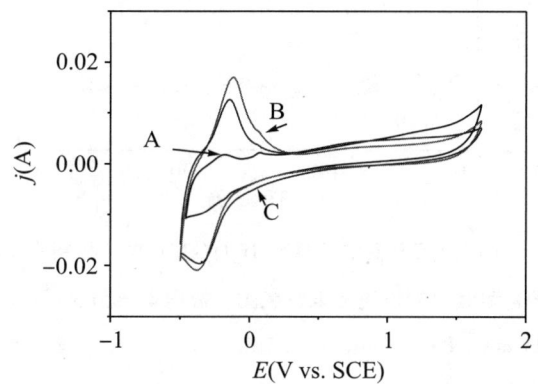

图 3-8　不同电流制备的 $WO_3 \cdot H_2O/PbO_2$ 复合材料在 1 mol/L H_2SO_4
溶液中的循环伏安曲线，扫速为 10 mV/s
A—25 mA　B—35 mA　C—45 mA

为进一步确定沉积 $WO_3 \cdot H_2O/PbO_2$ 复合材料的电流，对 $WO_3 \cdot H_2O/PbO_2$ 复合材料进行了恒流充放电测试。在纳米 $WO_3 \cdot H_2O$ 粒子浓度为 6 mmol/L 的镀液中，通过调节复合共沉积的电流（25 mA、30 mA、35 mA、40 mA、45 mA）制备出组成不同的 $WO_3 \cdot H_2O/PbO_2$ 复合材料。图 3-9 为不同电流制备的组成不同的 WO_3/PbO_2 复合电极材料在 1 mol/L H_2SO_4 溶液中的恒流充放电曲线图。测试采用三电极体系测试，对电极为活性炭电极，参比电极为饱和甘汞电极。

见图 3-9 和公式（3-2），对 $WO_3 \cdot H_2O/PbO_2$ 复合材料的比电容值进行计算，其数据如表 3-2 所示。

$$C_g = \frac{I \cdot t}{\Delta E \cdot m} \quad (3-2)$$

式中，C_g 为比电容值；

I 为恒流放电的电流；

t 为放电的时间；

ΔE 为电压差值；

m 为活性物质质量（约为 6 mg）。

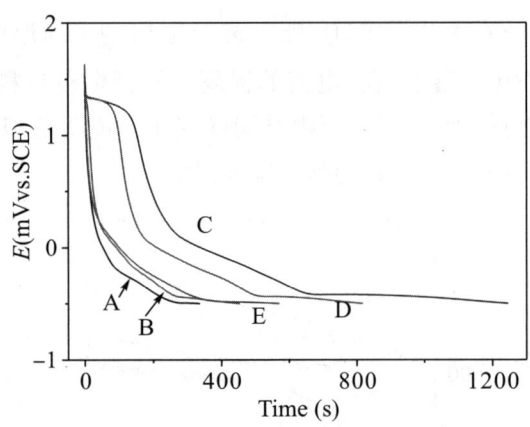

图 3-9 不同电流制备的 $WO_3 \cdot H_2O/PbO_2$ 复合材料在 1 mol/L H_2SO_4 溶液中的恒流放电曲线图，放电电流为 5 mA/cm²

A—25 mA　B—30 mA　C—35 mA　D—40 mA　E—45 mA

表 3-2　不同电流制备的 $WO_3 \cdot H_2O/PbO_2$ 复合材料恒流充放电测得的比电容

序号	沉积电流（mA）	C_g（F/g）
A	25	138
B	30	168
C	35	330
D	40	213
E	45	195

由图 3-9 可知 $WO_3 \cdot H_2O/PbO_2$ 复合材料的放电曲线在沉积电流为 35 mA、40 mA 时，在 1.3 V 左右有一个缓慢下降的平台，其他沉积电流（25 mA、30 mA、45 mA）下平台不明显，可能是 Pb^{4+} 与 Pb^{2+} 的转化形成氧化还原反应；大约 0 V 以后曲线有较为平缓的下降，出现了放电平台，且随着沉积电流为的增大，曲线的放电平台先增大后减小，沉积电流为 35 mA 时达最大（330 F/g）。出现该放电平台的可能原因是 $WO_3 \cdot H_2O/PbO_2$ 复合材料的电极表面发生了法拉第反应 $[PbO_2\text{-}WO_3] + 2H^+ + 2e^- \leftrightarrow [PbO_2\text{-}W_2O_5] + H_2O$，$WO_3 \cdot H_2O/PbO_2$ 复合材料的放电容量随法拉第反应的时间提高而增大。由以上结果可知，利用复合共沉积制备 $WO_3 \cdot H_2O/PbO_2$ 复合材料，最佳沉积电流为 35 mA。

如图 3-10 所示为相同 Pb^{2+} 电镀液中（溶液中 nano-Co_3O_4 粒子含量 C = 1 mmol/L，pH = 3~4），不同沉积电位制备的 Co_3O_4/PbO_2 复合电极材料中 Co 元素的原子百分含量（α）与沉积电位（E）的关系。从图中可以看到，镀层

中 Co_3O_4 粒子百分含量先随沉积电位增大而增大；当沉积电位达到 1.4 V 时，镀层中 Co_3O_4 粒子含量达到最大；然后镀层中 Co_3O_4 粒子含量随着沉积电位增大而减小。

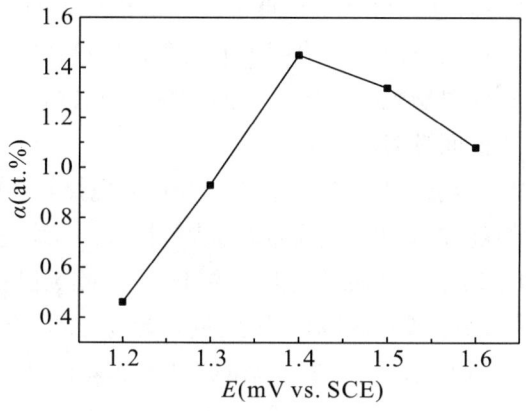

图 3-10　α 与沉积电位之间的关系

这种现象可能与 Co_3O_4 粒子的性质和 PbO_2 电沉积过程有关。经测定 Co_3O_4 粒子的 ξ 电位为 27.77 eV，镀液中的阴离子 OH^-、NO_3^- 会在粒子周围形成呈负电的离子团，在电场的作用下，该离子团向正极移动，被吸附在基体表面上，并且由于 PbO_2 的沉积才能使 Co_3O_4 粒子固定在电极表面上。由电沉积条件所得到的循环伏安图可知，在 1.4 V 之前电极的电流密度较小，增长较慢，并且似乎无氧析出，在 1.4 V 之后电极的电流密度急剧增加，可能伴随有氧的析出，并且 PbO_2 沉积的电流密度也增加。在 1.4 V 之前，随着电极电位的增加，PbO_2 电沉积量增加的同时，Co_3O_4 粒子被裹挟进入镀层中的量也增大，并且 Co 原子增加的量大于 Pb 原子增加的量。因此当电位较低，电流较小，PbO_2 的电沉积速度较慢时，α 出现正增加。但在 1.4 V 之后电极的电流密度急剧增加，氧的析出对 Co_3O_4 粒子的吸附不利，可能使吸附在电极表面的 Co_3O_4 粒子由于鼓泡而脱落，因此 Co 的增加相对缓慢，α 出现负增加。

3.4.4　搅拌方式及强度

搅拌对复合电沉积的影响非常大，必须根据具体的沉积体系确定最适宜的搅拌方式及强度。许多研究表明，间歇搅拌可提高微粒的沉积量，因为在停止搅拌时，固体微粒比较容易滞留在阴极表面从而被沉积金属捕获，但是间歇时间过长时，镀液中的微粒会因自身沉降而增加沉积难度。随着搅拌强度的提高，微粒与阴极的接触频率增加，这有利于微粒的沉积，但是如果搅拌强度过高，镀液对电极表面的冲击力也增大，又容易造成微粒的脱附[49]。在这两个相反因素的影响下，随着搅拌强度的增大，微粒的沉积量通常是先上升，达到峰值后又转为下降，比如 Ni-SiC[16]、Cu-Al$_2$O$_3$[28]、Ni-PTFE[47]、Fe-Al$_2$O$_3$[50]等体系的研究都得到了这样的结论。因此，对于密度和粒径都较小的微粒，或者当它们在镀液中的浓度不太大时，搅拌强度不需要太大，间歇时间也可以稍长些；而对于粒径与密度大的微粒，或者当微粒浓度较大时，就需要较强烈的搅拌，而间歇时间需要短些。

搅拌可以分为机械搅拌、压缩空气搅拌、超声波搅拌等多种方式。机械搅拌可以提供较高的搅拌强度，适用于镀槽体积较大的体系；压缩空气搅拌可以提供较均匀的流场分布，但同时会给镀液带进更多的氧气，因此沉积体系必须比较稳定；超声波搅拌分散效率较高，搅拌区域和强度相对最为均匀，但是功率较低。

图 3-11 为 WO$_3$·H$_2$O 在镀液中的沉降情况。在电镀过程开始时，情况同图 3-11A 所示，WO$_3$·H$_2$O 纳米粒子在镀液中分散均匀、悬浮性好，WO$_3$·H$_2$O 纳米粒子可以均匀稳定地吸附在电极表面并嵌入镀层中；当电镀过程进行了一段时间后，WO$_3$·H$_2$O 纳米粒子沉降情况同图 3-11B 所示，WO$_3$·H$_2$O 纳米粒子在镀液中出现团聚沉降的情况，镀液中上层出现半透明的现象，底部则沉积了大量的粒子，此时嵌入镀层的 WO$_3$·H$_2$O 纳米粒子含量就会降低，并且持续鼓泡也无法解决 WO$_3$·H$_2$O 纳米粒子沉积的问题。因此，在复合沉积过程中还要增加其他搅拌方法来使得 WO$_3$·H$_2$O 纳米粒子快速悬浮稳定。经过实验研究发现，在电镀过程中每隔 30 min 使用磁力搅拌一次（搅拌时间为 5~10 s），可以有效地改善 WO$_3$·H$_2$O 纳米粒子的团聚沉积问题，使得镀液中的粒子迅速悬浮。

图 3-11　WO$_3$·H$_2$O 在镀液中的沉降情况
A—0 min　B—30 min

3.4.5　施镀时间

基体表面一般会存在凹坑和缝隙，有利于微粒在阴极表面的黏附与停留[36,43]，所以在电镀的开始阶段，早已黏附在零件表面的微粒比较容易嵌入镀层之中，而此时基质金属的沉积量很少，镀层中的微粒含量特别高。而随着施镀时间的延长，阴极表面的光洁度逐渐提高，金属的沉积量不断增加，所以微粒在镀层中的含量就会相应降低并趋于稳定。

在电镀的开始阶段，纳米粒子悬浮稳定，在阳极表面吸附量较高，嵌入镀层的纳米粒子的含量也较高；随着施镀时间的延长，纳米粒子开始团聚下沉，纳米粒子在镀层中的含量就会相应降低并趋于稳定。

3.5　其他因素

在金属离子和固体微粒相同的情况下，如果选用的镀液体系不同，复合镀层中的微粒含量也可能不同。有研究表明[34-35]，对于同种金属基复合电镀，硫酸盐体系比氯化物体系较容易实现复合共沉积，但在文献中都未给出相应解释。笔者认为这可能是由于硫酸盐体系镀液比氯化物体系的微观分散能力差所造成的。

另外，电极表面状况对复合电沉积也有一定的影响，电极表面越粗糙，越有利于颗粒的吸附和沉积，Berkh[26]与Snaith[36]都证实了这一点。

影响复合电沉积的因素很多，而且各种因素对复合电沉积的影响是多方面的，各种因素之间也存在相互的关联、制约作用，因此对不同体系、不同实验条件，人们可能会得到相同、不同甚至是相反的结论。现在对复合镀层的形成机理认识仍然还不成熟，还无法解释所有的实验现象。因此，今后还应继续加强在复合电沉积机理方面的研究，尤其是流体力学问题的深入研究，以便更深刻、更准确地理解和掌握复合电沉积的各种影响因素，从而更好地对复合电沉积的工艺研究和应用给予指导。

参考文献

[1] 郭鹤桐，张三元. 复合镀层[M]. 天津：天津大学出版社，1991.
[2] 钟诚. 复合电镀的研究新进展[J]. 四川化工，2004，7（1）：16-19.
[3] 常立民，安茂忠，石淑云. 复合镀研究的新进展[J]. 吉林师范大学学报

（自然科学版），2005（2）：13 - 16.

[4] 王周成，倪永金，唐毅. 电化学方法制备金属基复合材料研究进展[J]. 材料导报，2006，20（7）：51 - 53，57.

[5] 周白杨，高诚辉. 镍－铁－磷/金刚石复合沉积工艺与性能研究[J]. 材料保护，2006，39（2）：25 - 28.

[6] 陈玉梅，左正忠，杨磊. 表面活性剂对电沉积镍/纳米二氧化钛复合层的影响[J]. 表面技术，2005，34（5）：22 - 25.

[7] 周海飞，杜楠，赵晴. 复合电沉积工艺研究现状[J]. 电镀与涂饰，2005，24（6）：41 - 46.

[8] SUN K H, HONG J Y. Formation of bilayer Ni-SiC composite coatings byelectrodeposition[J]. Surf Coat Technol，1998，108/109：564 - 569.

[9] 白晓军. 复合电镀[J]. 化工腐蚀与防护，1992（2）：30 - 34.

[10] 赵芳霞，罗驹华，张振忠，等. Ni-P－纳米 TiO_2 复合镀层的耐蚀性研究[J]. 特种铸造及有色合金，2005，25（5）：262 - 264.

[11] WANG S C, WEI W C J. Kinetics of electroplating process of nano - sized ceramic particle/Ni composite[J]. Mater Chem Phys，2003，78（3）：574 - 580.

[12] 孙伟，张覃轶，叶卫平，等. 纳米复合电沉积技术及机理研究的现状[J]. 材料保护，2005，38（6）：41 - 44.

[13] 屠振密，胡会利，于元春. 电沉积纳米晶材料制备方法及机理[J]. 电镀与环保，2006，26（4）：4 - 8.

[14] 王积森，温红，孙金全. 纳米材料在复合电沉积中的应用[J]. 电镀与涂饰，2006，25（1）：59 - 62.

[15] CELIS J P. A mathematical model for the electrolytic codeposition of particles with a metallic matrix[J]. J Electrochem Soc，1987，134（6）：1402 - 1408.

[16] 郭会清，方红，禹建鹰. 复合镀中分散微粒共沉积的若干问题探讨[J]. 中原工学院学报，2002，13（1）：29 - 31.

[17] PERIENE N, CESUNIENE A, MATULIONIS E. Codeposition of mixtures of dispersed particles with nickel－phosphorus electrodeposits[J]. Plat Surf Finish，1994，81（10）：68 - 71.

[18] PUSHPAVANAM M, SHENOI B A. Nickel-aluminum oxide composite coat-

ings [J]. Metal Finish, 1977, 75 (4): 38 – 43.

[19] ZHANG Y J, FAN Y Y, YANG X W, et al. Study on process and mechanism of electrodeposited Zn-Fe-SiO2 composite coating [J]. Plat Surf Finish, 2004, 91 (9): 39 – 43.

[20] 范云鹰, 张英杰, 杨显万, 等. 镀液组成对 Zn-Fe-SiO$_2$ 合金复合镀层成分的影响 [J]. 表面技术, 2003, 32 (5): 53 – 55.

[21] 黎德育, 李宁, 杜明华, 等. 氨基磺酸盐复合镀 Ni-Al$_2$O$_3$ [J]. 材料科学与工艺, 2004, 12 (2): 199 – 201.

[22] GARCIA I, CONDE A, LANGELAAN C, et al. Improved corrosion resistance through microstructural modification induced by codepositing SiC-particles with electrolytic nickel [J]. Corros Sci, 2003, 45 (6): 1173 – 1189.

[23] WU G, LI N, ZHOU D, et al. Electrodeposited Co – Ni – Al$_2$O$_3$ composite coating [J]. Surf Coat Technol, 2004, 176 (2): 157 – 164.

[24] 舒余德, 邓朝阳, 谢勤. (Zn-Co) -TiO$_2$ 复合电镀的工艺研究 [J]. 电镀与精饰, 2000, 22 (6): 12 – 16.

[25] BERKH O, BODNEVAS A, ZAHAVI J. Effect of additives on electro – deposition of composite chromium coatings [J]. Plat Surf Finish, 1994, 81 (3): 62 – 64.

[26] BERKH O, BODNEVAS A, ZAHAVI J. Electrodeposited Ni-P-SiC composite coatings [J]. Plat Surf Finish, 1995, 82 (11): 62 – 66.

[27] BERKH O, ESKIN S, BERNER A, et al. Electrochemical Cr-Ni-Al$_2$O$_3$ composite coatings Part I: some aspects of the codeposition process [J]. Plat Surf Finish, 1995, 82 (1): 54 – 59.

[28] WANG Y L, WAN Y Z, ZHAO S M, et al. Electrodeposition and characterization of Al$_2$O$_3$-Cu (Sn), CaF$_2$-Cu (Sn), talc-Cu (Sn) electro-composite coatings [J]. Surf Coat Technol, 1998, 106 (2/3): 162 – 166.

[29] CELIS J P. Kinetics of the deposition of alumina particles from copper sulphate plating baths [J]. J Electrochem Soc, 1977, 124 (10): 1508 – 1511.

[30] 王丽琴, 吴华, 赵宇. 铜基表面 Ni-Si$_3$N$_4$ 纳米复合镀工艺研究 [J]. 表面技术, 2004, 33 (1): 42 – 44.

[31] 李丽华, 吴继勋, 张海冬, 等. Zn-SiO$_2$ 复合镀工艺研究 [J]. 电镀与涂饰, 1995, 14 (3): 31 – 33.

[32] 刘贵昌,于同敏,李一锴,等.复合镀层的沉积规律和憎液性[J].材料保护,1997,30(9):1-3.

[33] 李丽华,吴继勋,卢燕平,等.表面活性剂对高速Zn-SiO$_2$复合镀层的影响[J].电镀与精饰,1991,18(1):8-11.

[34] 陈亚,李士嘉,王春林,等.现代实用电镀技术[M].北京:国防工业出版社,2003.

[35] TOMASZEWSKI T W. Codeposition of finely dispersed particles with metals [J]. Plating, 1969, 56 (10): 1234-1239.

[36] SNAITH D W. Some further studies of the mechanism of cermet electro-deposition: Pt 1—The effect of electrolyte on the charge carried by a suspended ceramic particle [J]. Trans Inst Met Finish, 1977, 55 (3): 136-140.

[37] WHITE C. Factors affecting the entrapment of alumina particles during the electrodeposition of copper [J]. Trans Inst Met Finish, 1981, 59: 8-12.

[38] 张海冬,吴继勋,卢燕平,等.硝酸钠在Zn-SiO$_2$高速电镀中的作用[J].材料保护,1996,29(1):10-12.

[39] 周永令,王昭盛.锌基复合镀工艺在我厂的应用[J].电镀与精饰,1995,17(1):9-12.

[40] 郭忠诚,杨显万.电沉积多功能复合材料的理论与实践[M].北京:冶金工业出版社,2002.

[41] 武刚,李宁,王殿龙,等.α-Al$_2$O$_3$与Co-Ni合金电化学共沉积动力学模型[J].物理化学学报,2003,19(11):996-1000.

[42] 徐龙堂,徐滨士,马世宁,等.电刷镀镍基Ni包纳米Al$_2$O$_3$粉复合镀层的组织性能[J].兵器材料科学与工程,2000,23(4):7-11.

[43] 郭鹤桐,舒钰,唐致远.金属陶瓷复合材料的电沉积[J].电镀与环保,1982(3):4-8.

[44] 张英杰,范云鹰,杨显万,等.工艺条件对Zn-Fe-SiO$_2$合金复合镀层成分的影响[J].材料保护,2004,37(5):26-27.

[45] SHRESTHA N R, MASUKO M, SAJI T. Composite plating of Ni/SiC using azo-cationic surfactants and wear resistance of coating [J]. Wear, 2003, 254: 555-564.

[46] 古川直治. Factors affecting the formation of Ni-Al$_2$O$_3$ and Ni-ZrO$_2$ dispersion coatings [J].金属表面技术,1977,28(10):527-533.

[47] 杜克勤,陈慧光,李娟,等. 镍-聚四乙烯复合电沉积机理的研究[J]. 大连铁道学院学报,2001,22(3):96-100.

[48] 彭群家,穆道彬,马莒生,等. Ni-ZrO_2复合电沉积机理的研究[J]. 电化学,1999,5(1):68-73.

[49] 方莉俐,张兵临,姚宁. 搅拌对金刚石-金属复合薄膜电沉积结果的影响及流体力学分析[J]. 金刚石与磨料磨具工程,2005,146(2):18-20.

[50] 薛伯生. 间歇搅拌对铁基复合镀层中微粒含量的影响[J]. 材料保护,2000,33(3):9-10.

第4章 Co_3O_4/PbO_2复合电极材料的制备及其电化学性能

4.1 引言

Co_3O_4是一种具有良好导电性和耐腐蚀性的价格经济、环境友好的电极材料，因此，在许多工业生产领域中得到了广泛应用。首先，Co_3O_4在碱性环境中的高析氧活性和稳定性，使它可作为一种有效的阳极材料，应用在碱性水分解制氢/制氧反应。Singh等[1]通过微波法在Ni基体上制备了Co_3O_4薄膜电极，并将其用于碱性水析氧反应；Palmas等[2]用聚四氟乙烯将Co_3O_4粉末团聚并黏固在Ti基体上，作为阳极用于析氧反应，并对该反应机理做了初步研究；国内曹殿学教授等[3]利用模板自由生长法，在泡沫Ni上制备了Co_3O_4纳米线，并将其直接用于析氧反应；Bell等[4]制备了不同尺寸的Co_3O_4纳米粒子，并将其制备成电极用于析氧反应，结果表明粒子粒径越小，其比表面积越大，析氧活性越高。

同时，Co_3O_4还具有良好的赝电容性能，它的理论电容可以达到大3560 F/g[5]，在实验中得到的电容可以达到约720 F/g[6]，是目前最有开发前景的超级电容器材料之一。Li等[7]用Co_3O_4取代贵金属RuO_2制备成RuO_2/Co_3O_4薄膜电极，研究发现62.3% RuO_2复合物具有最高赝电容性能，比电容值可达690±14 F/g；Zhu等[8]制备了不同形貌、大小的纳米结构的Co_3O_4，研究发现，Co_3O_4针状纳米棒具有较高的赝电容性能，比电容值为111 F/g；Li等利用化学沉积法[9]在铟钛氧化物（ITO）基体上制备了Co_3O_4薄膜电极，并研究了其赝电容的性能，结果表明，该电极的比电容值可达227 F/g；Xu等[10]在阳极氧化铝（AAO）模板上化学沉积制备的Co_3O_4纳米管的比电容值可达574 F/g，经1000次充放电后，其比电容值仍可达到开始的95%。

倘若能将Co_3O_4掺入PbO_2基质中，制备成为复合电极材料，不但可以提高PbO_2在碱性水溶液中的稳定性，并且可以提高其在碱性溶液中的析氧活性和赝电容性能，这将大大拓展 PbO_2 电极的应用领域。

4.2 Co_3O_4/PbO_2 复合电极的制备

电极制备采用三电极单室的电解槽，将 1 cm×1 cm Ti/SnO_2-Sb_2O_5 作为阳极基体，2 cm×2 cm Ti/RuO_2-TiO_2-SnO_2 电极为辅助电极，222 型饱和甘汞电极（SCE）为参比电极。配制含有 20 % 丙酮的 100 mL 0.1 mol/L $Pb(NO_3)_2$ 溶液，调节溶液 pH 值至 3~4，放入适量 Co_3O_4 粒子，超声搅拌 5 min，至粒子完全稳定悬浮后，将溶液移入电解槽中进行恒电位电镀，沉积电位为 1.4 V，沉积时间为 2 h，沉积过程中持续向电解槽中鼓泡。

4.3 Co_3O_4/PbO_2 复合电极的结构、组成与形貌分析

通过溶胶凝胶法制备出纳米 Co_3O_4 粒子，通过 XRD 和 TEM 对产物进行表征分析，其结果如图 4-1 和图 4-2 所示。对照 JCPDS 42-1467 标准卡，发现所制备的 Co_3O_4 粒子为尖晶石结构，粒径为 6~10 nm，形状为立方形。

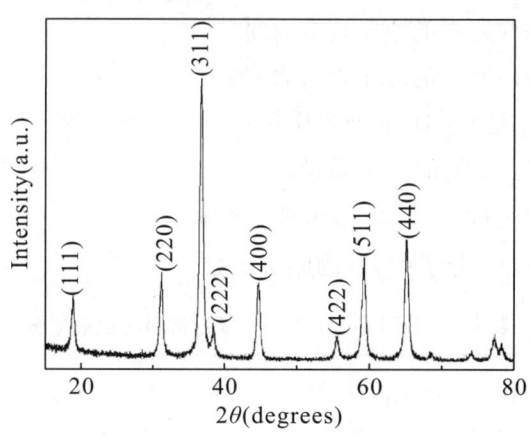

图 4-1　Co_3O_4 的 XRD 谱图

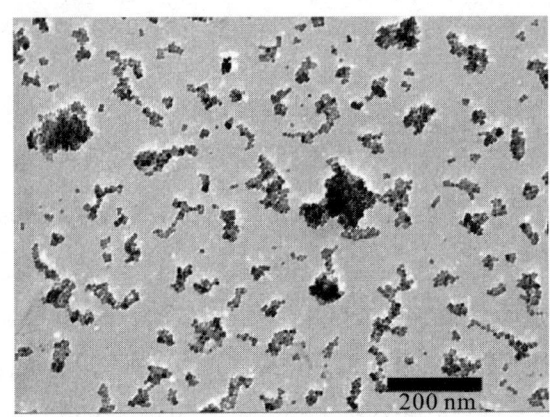

图 4-2 Co_3O_4 纳米粒子的 TEM 图像

通过调节镀液中 Co_3O_4 粒子的浓度（C）制备出不同组成的 Co_3O_4/PbO_2 复合物，XPS 对各电极中 O、Pb、Co 三种元素含量的分析结果如表 4-1 所示，通过所得数据和公式（4-1），可得到 Co_3O_4 在复合物中的质量百分含量为

$$\varphi = \frac{M_{Co_3O_4} P_{Co} n_{Co}^{-1}}{M_{PbO_2} P_{Pb} n_{Pb}^{-1} + M_{Co_3O_4} P_{Co} n_{Co}^{-1}} \tag{4-1}$$

其中，P_{Pb} 是 Pb 元素的原子百分含量；

P_{Co} 是 Co 元素的原子百分含量；

$M_{Co_3O_4}$ 是 Co_3O_4 的摩尔质量；

M_{PbO_2} 是 PbO_2 的摩尔质量；

n_{Co} 是 Co_3O_4 分子中 Co 的原子个数；

n_{Pb} 是 PbO_2 分子中 Pb 的原子个数。

表 4-1 不同 Co_3O_4/PbO_2 复合材料的组成成分

Materials	C（mmol/L）	P_{Pb}（at.%）	P_{Co}（at.%）	φ(%)
PbO_2	0	33.33	0	0
Co_3O_4/PbO_2	1	35.46	1.45	1.36
	3	30.10	7.69	7.91
	5	25.07	15.27	16.99
	8	21.53	24.33	27.52

复合电极表面层的 XRD 分析如图 4-3 所示，对照标准卡 JCPDS 42-1467，在 22.70°、31.26°、36.18°、39.64°、43.34°、61.08°及 64.82°处的衍射峰分别对应于尖晶石型 Co_3O_4 的（111）、（220）、（311）、（222）、（400）、（511）及（440）晶面；对照标准卡 JCPDS 41-1492，31.26°、47.72°、48.64°、49.96°、57.44°、57.54°、65.94°、71.46°以及 77.26°处的衍射峰分别对应于 β 型 PbO_2 的（101）、（211）、（220）、（002）、（310）、（112）、（202）、（321）以及（222）晶面，表明所制备的电极表面是由尖晶石结构的 Co_3O_4 与 β 型 PbO_2 所组成的复合物。

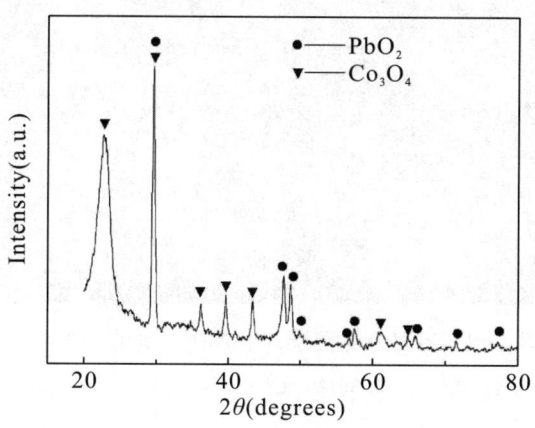

图 4-3 Co_3O_4/PbO_2 复合材料的 XRD 谱图

图 4-4 为不同组成复合电极的 SEM 照片，如图 4-4A 所示，Ti/SnO_2-Sb_2O_5/PbO_2 电极表面的 PbO_2 晶体呈块状紧密堆集，且 PbO_2 晶粒的大小平均为 5 μm 左右；如图 4-4B、C、D 所示，掺杂 Co_3O_4 粒子后，裹挟 Co_3O_4 纳米粒子的 PbO_2 晶体粒径变小，这些"小晶粒"在电极表面呈簇状堆积，且簇与簇之间不紧密地连接，使得电极表面出现了大量孔隙。并且，随着 Co_3O_4 粒子掺杂的量（α）的增大，形成的复合物晶体颗粒减小，其大小从 1 μm 左右变为几十纳米，同时单位面积上晶簇的数量也随之增多，彼此之间的孔隙度变大。以上结果揭示，复合电极的比表面积和孔隙率随 α 的增大而增大。

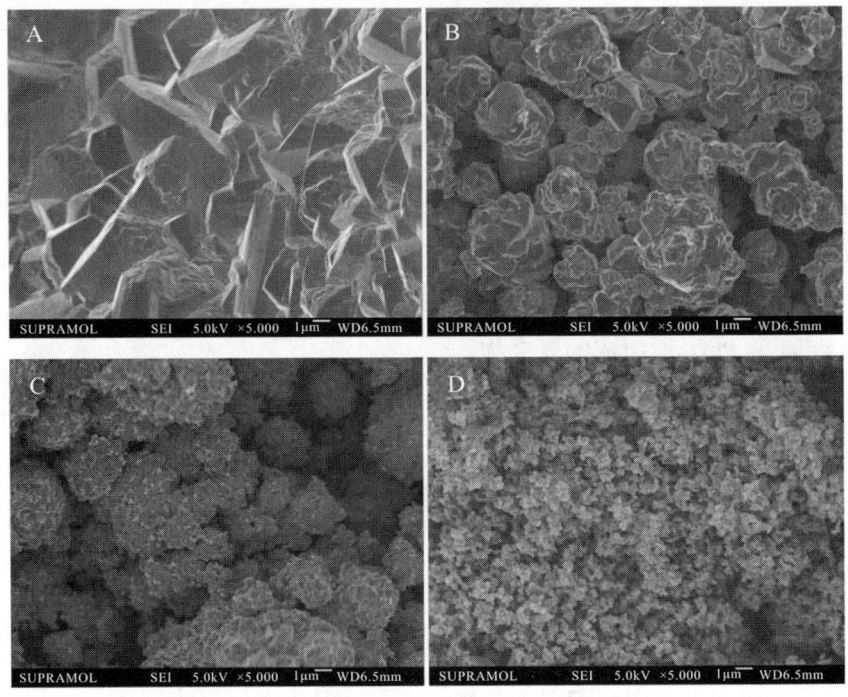

图 4-4　不同组成的 Co_3O_4/PbO_2 材料的 SEM 图像

A—$\varphi=0\%$　B—$\varphi=1.36\%$　C—$\varphi=16.99\%$　D—$\varphi=27.52\%$

4.4　伏安电量分析

通过伏安电量计算电极材料的孔隙率。该方法是 Vogt 等[11]为量化电极真实比表面积而建立的。由于伏安电量 q^* 随循环伏安扫描速率的增大而降低,当扫速降低到几乎为零（$\gamma \to 0$）时,其伏安电量为电极表面的总电量（q_T^*）。由以下方程式的截距可以求出电极表面的真实电量 q_T^*,

$$(q^*)^{-1} = (q_T^*)^{-1} + \kappa v^{1/2} \tag{4-2}$$

式中,κ 为待拟合系数。q_T^* 由电极外部电量 q_o^* 和内部电量 q_i^* 两部分组成。所谓外部电量 q_o^*,即为几何面积上的电量;而内部电量 q_i^* 为不可触及孔隙中的电量。根据以下方程可以求出 q_o^*:

$$q^* = q_o^* + \kappa' v^{-1/2} \tag{4-3}$$

式中,κ' 为待拟合系数。q_i^* 由总电量 q_T^* 减去 q_o^* 得到,其 q_i^*/q_T^* 被定义为孔隙率。

利用以上方法,测得不同组成复合电极的伏安电量分析数据,如表 4-2

所示;并且对比研究各电极的伏安电量数据与 α 的关系,如图 4-5 和图 4-6 所示。研究表明,随着纳米 Co_3O_4 粒子掺杂量的增大,复合电极的真实电量 q_T^* 逐渐增大(如图 4-5 所示),尤其是复合电极的内部电量,最大可增大为未掺杂 Co_3O_4 的 PbO_2 电极的 60 倍左右;Co_3O_4 粒子的掺杂会使复合电极的孔隙率 q_i^*/q_T^* 骤然提升(如图 4-6 所示),并且随着 Co_3O_4 粒子的掺杂量的增大而增大,与未掺杂 Co_3O_4 的 PbO_2 电极相比,其孔隙率可提高至少 10%。该分析结果与复合电极的 SEM 照片分析结果(见图 4-4)一致,可以得出同样的结论,即纳米 Co_3O_4 粒子的掺杂使得复合电极的比表面积和孔隙率增大,且与 φ 呈正比。

表 4-2　各不同组成电极材料的伏安电量分析数据

Materials	φ (%)	q_T^* (C·cm^2)	q_o^* (C·cm^2)	q_i^* (C·cm^2)	q_i^*/q_T^* (%)
PbO_2	0	0.03472	0.00544	0.02928	84.33
Co_3O_4/PbO_2	1.36	0.1387	0.00749	0.1312	94.59
	7.91	0.3364	0.0171	0.3193	94.92
	16.99	0.8385	0.0402	0.7983	95.21
	27.52	2.093	0.0885	2.0045	95.77

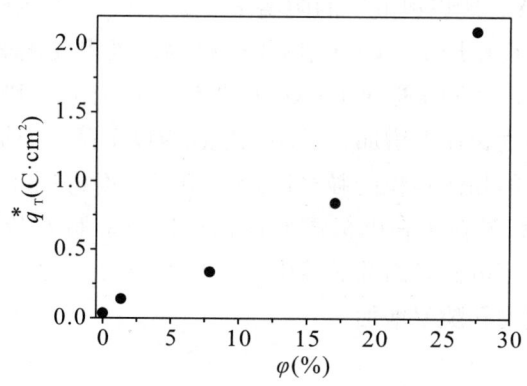

图 4-5　总伏安电量 q_T^* 与 φ 的关系

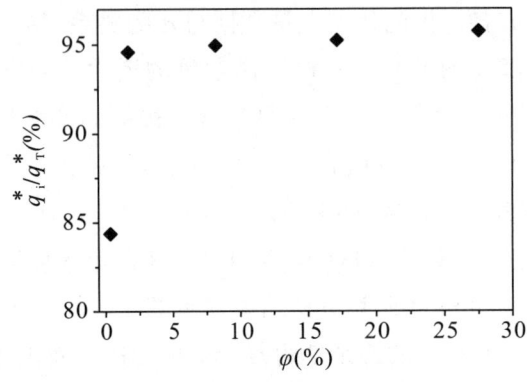

图 4-6 孔隙率与 φ 的关系

纳米 Co_3O_4 粒子的掺杂对 PbO_2 电极的比表面积和孔隙率的影响，与在 PbO_2 沉积过程中 Co_3O_4 纳米颗粒的影响是分不开的。PbO_2 的电沉积过程主要可以分为以下几个步骤[12]：①H_2O 分子电解氧化，形成羟基自由基 OH_{ads} 吸附在电极表面；②羟基自由基 OH_{ads} 与 Pb^{2+} 发生反应，形成中间产物 $Pb(OH)^{2+}$ 沉积在电极表面上；③随着中间产物 $Pb(OH)^{2+}$ 的增多，随之同结合的水发生了氧的转移，生成 PbO_2。具体反应方程如下所示：

$$H_2O \rightarrow OH_{ads} + H^+ + e^- \quad (4-4)$$

$$Pb^{2+} + OH_{ads} \rightarrow Pb(OH)^{2+} \quad (4-5)$$

$$Pb(OH)^{2+} + H_2O \rightarrow PbO_2 + 4H^+ + 2e^- \quad (4-6)$$

由于 Co_3O_4 粒子具有良好的导电性，其粒径仅为 6~10 nm，在镀液中测其ζ电位为 27.77 eV，所以镀液中的阴离子 OH^-、NO_3^- 会在粒子周围形成呈负电的离子氛。在电场作用下，Co_3O_4 粒子通过物理吸附或化学吸附会优先吸附在电极表面上。所以，同未掺杂 Co_3O_4 的 PbO_2 电极相比，PbO_2 晶粒的生长速度降低，而晶核的生长速度增加，即晶粒生长速度下降，而加速了新晶核的形成，因此复合电极的晶体颗粒的粒径减小。由于 PbO_2 在电极表面的电沉积是三维生长，Co_3O_4 纳米粒子在电极表面占据活性位抑制了 PbO_2 晶粒的平面生长，而加速了垂直于电极表面的晶粒生长，平面内的二维生长不能完全覆盖表面，因此电极表面的孔隙率增加。

4.5 Co_3O_4/PbO_2 复合电极材料催化活性的研究

4.5.1 Co_3O_4/PbO_2 复合电极材料的析氧性能

碱性环境中，阳极上的析氧反应如下：

$$4OH^- \rightarrow O_2 + 4e^- + 2H_2O \quad E_{eq} = 159 \text{ mV (vs. SCE)} \quad (4-7)$$

通过对各组成不同的复合电极材料进行线性伏安扫描和 Tafel 曲线的测试，可以得到各个复合电极材料在此反应中的电催化活性参数，从而定量分析复合材料的析氧活性。

图 4-7 为在 1 mol/L NaOH 溶液中不同组成的 Co_3O_4/PbO_2 复合电极材料的线性扫描曲线图。如图 4-7 所示，随着 Co_3O_4 粒子掺杂量的增大，复合电极的线性扫描曲线发生负移，氧析出反应更容易进行。其起始析氧电位 E_{onset} 随着粒子含量的增大而减小，起始析氧电位最大可降低约 160 mV，说明复合电极的析氧活性随着纳米粒子含量的增大而增大。

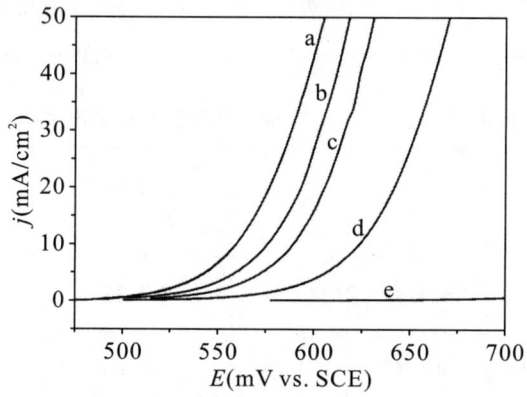

图 4-7　各不同组成电极材料在 1 mol/L NaOH 溶液中的线性扫描图（扫速为 1 mV/s）
a—φ = 27.52%　b—φ = 16.99%　c—φ = 7.91%　d—φ = 1.36%　e—φ = 0%

图 4-8 为各不同组成的电极材料的 Tafel 曲线。可以通过 Tafel 方程（4-8）和图 4-8 计算得到析氧反应（OER）中各复合物的电化学参数，从而对其析氧活性进行定量分析。

$$\eta_{oer} = a + b\lg i \quad (4-8)$$

式中，i 为所测电流密度；

η_{oer} 为过电位；

a 为 Tafel 截距；

b 为 Tafel 斜率。

各类电极的 a 值、b 值及在电流为 1 mA/cm² 时的析氧过电位等电化学测试数据详见表 4-3。

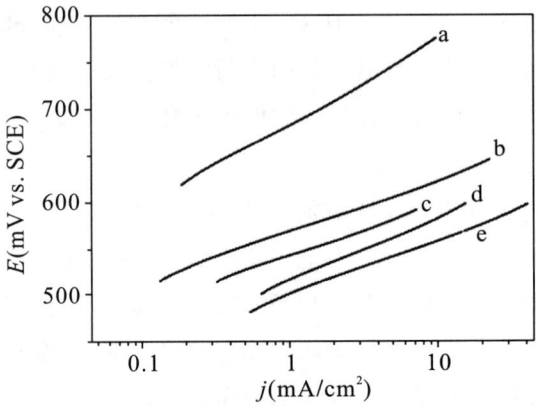

图4-8　各不同组成 Co_3O_4/PbO_2 电极材料在 1 mol/L NaOH 溶液中的 Tafel 曲线图

a—φ=0%　b—φ=1.36%　c—φ=7.91%　d—φ=16.99%　e—φ=27.52%

表4-3　各不同 Co_3O_4/PbO_2 电极材料的初始析氧电位和 Tafel 参数

Materials	φ（%）	a	b	η_{oer}（mV）（j=1 mA/cm²）	E_{onset}（mV）
PbO_2	0	524.33	88.31	524.33	715
Co_3O_4/PbO_2	1.36	408.48	54.88	408.48	605
	7.91	383.24	54.17	383.24	585
	16.99	366.43	56.42	366.43	573
	27.52	351.17	55.87	351.17	557

如图4-9所示，当电流为 1 mA/cm² 时，各复合电极的析氧过电位 η_{oer} 与 φ 的关系。在碱性溶液中，未掺杂 Co_3O_4 的 PbO_2 电极，在电流密度为 1 mA/cm² 时，其析氧过电位为 524.33 mV，掺入少量的 Co_3O_4（φ=1.36%）后，电极的析氧活性便出现大幅度上升，其析氧过电位比未掺杂 Co_3O_4 的 PbO_2 电极降低了 115.85 mV；随着 φ 的增大，析氧过电位的降低逐渐增加；当 φ=27.52% 时，复合电极析氧过电位比未掺杂 Co_3O_4 的 PbO_2 电极降低了 173.16 mV。

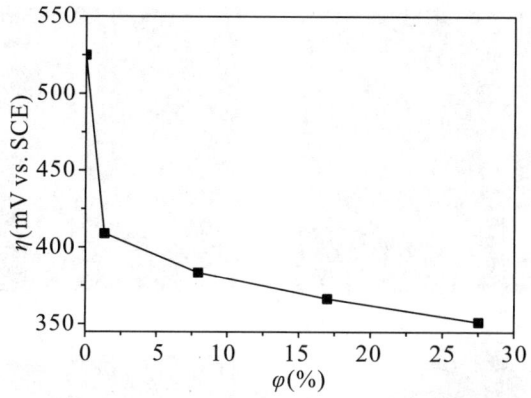

图 4-9 析氧过电位（$j=1$ mA/cm^2）与 φ 的关系

由表 4-3 可知，两类电极即未掺杂 Co$_3$O$_4$ 的 PbO$_2$ 电极和 Co$_3$O$_4$/PbO$_2$ 复合电极，其 Tafel 斜率 b 值各不相同。结果表明，Co$_3$O$_4$ 纳米粒子的掺杂不但影响了其析氧活性，同时还影响了析氧反应动力学方程式中的传递系数，即两类电极具有不同的反应机制。当 Co$_3$O$_4$ 纳米粒子同 PbO$_2$ 结合后，二者之间存在着电子交换，Co$_3$O$_4$ 纳米粒子对氧析出反应起到了助催化作用，所以氧的析出速度得到了提高。导致复合电极析氧活性提高的原因，除引入了 Co$_3$O$_4$ 纳米粒子外，复合电极的表面孔隙率和比表面积的增加也是一个重要的原因。

4.5.2 Co$_3$O$_4$/PbO$_2$ 复合电极材料的催化氧化苯酚性能

通过恒压复合电沉积制备的含有 Co 原子个数百分比 15.27% 的 Co$_3$O$_4$/PbO$_2$ 电极的组成和形貌如图 4-10 所示。将该电极用于电氧化降解碱性溶液中的苯酚，其电氧化性能明显优于纯 PbO$_2$ 电极。

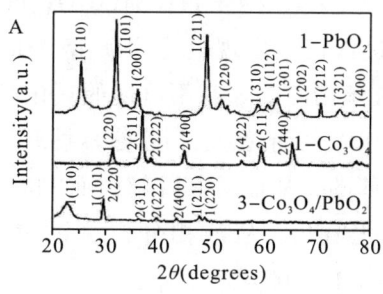
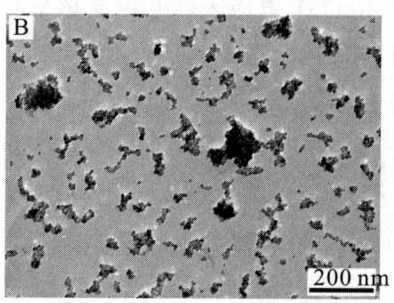

图 4-10 Co$_3$O$_4$/PbO$_2$ 电极材料（Co 原子个数百分比 15.27%）的结构与形貌分析图

图 4 - 10（续）

A—Co_3O_4/PbO_2电极材料的组成　B—纳米Co_3O_4粒子的形貌　C—PbO_2电极表面形貌（SEM）　D—Co_3O_4/PbO_2电极表面形貌（SEM）　E—Co_3O_4/PbO_2电极表面原子力扫描图　F—Co_3O_4/PbO_2电极表面局部放大 SEM 扫描图

图 4 - 11B 为 Co_3O_4/PbO_2 电极及 PbO_2 电极在 1 mol/L NaOH + 20 mmol/L 苯酚水溶液中的循环伏安测试曲线。在 0.45 V 的位置上 Co_3O_4/PbO_2 电极的 CV 曲线出现了明显的氧化峰，且并无对应的还原峰出现，证明电压在 0.45 V 时 Co_3O_4/PbO_2 电极表面出现了不可逆的氧化反应，对比 PbO_2 电极的 CV 曲线发现，在 PbO_2 电极表面并没有该氧化反应出现。图 4 - 11C 为 Co_3O_4/PbO_2 电极在不同浓度苯酚的氢氧化钠溶液的 CV 曲线图，发现电压为 0.45 V 时，没有苯酚的 CV 曲线并没有氧化峰出现，存在苯酚时，才有不可逆的氧化峰，并且该氧化峰的峰电流随着苯酚的浓度的增大而增大，说明碱性环境中，Co_3O_4/PbO_2 电极可以在 0.45 V 催化氧化苯酚，从而对其降解；而 PbO_2 电极不能在如此低的电压下实现对苯酚的催化氧化。从液相分析测试中可知，Co_3O_4/PbO_2 电极在 1 mol/L NaOH + 20 mmol/L 苯酚水溶液中，0.45 V 恒压电解的情况下，将苯酚降解为小分子的草酸，而 PbO_2 电极却不可以。二者的催化活性显而易见，Co_3O_4/PbO_2 电极明显优于纯 PbO_2 电极。

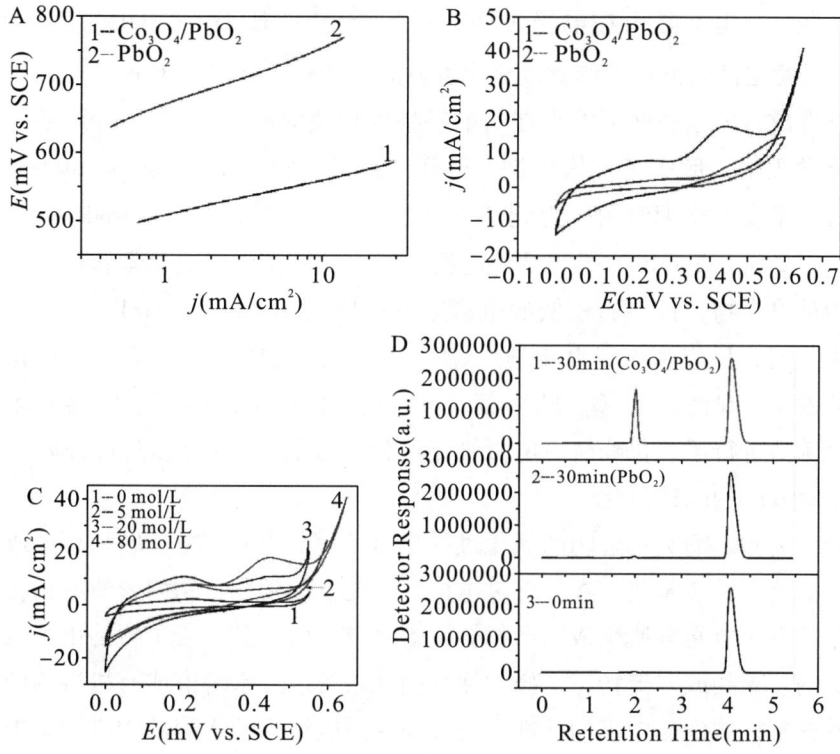

图4—11 Co₃O₄/PbO₂电极材料（Co原子个数百分比15.27%）电氧化降解苯酚数据图

A—Co₃O₄/PbO₂电极及PbO₂电极在1 mol/L NaOH溶液中的Tafel曲线对比图　B—Co₃O₄/PbO₂电极及PbO₂电极在1 mol/L NaOH+20 mmol/L苯酚水溶液中的循环伏安测试曲线

C—Co₃O₄/PbO₂电极在不同浓度NaOH+苯酚水溶液中的循环伏安测试曲线

D—降解前后电解液的液相分析测试曲线图

苯酚在三种 Ti/PbO₂ 电极上的电催化氧化过程可用 Comninellis 提出的金属氧化物电极反应机理说明[13-15]。

苯酚的电催化氧化过程可表示为：

$$C_6H_5OH \longrightarrow C_6H_5(OH)_2 \longrightarrow C_6H_5O_2 \longrightarrow \begin{matrix} C_4H_4O_4 \text{（马来酸）} \\ \downarrow \\ C_2H_2O_4 \text{（草酸）} \end{matrix} \longrightarrow CO_2+H_2O$$

（苯酚）　　　（氢醌）　　　（苯醌）

苯酚被氧化为一系列有机中间产物，直至生成 CO_2 和水。苯酚的电催化氧化途径与电极材料密切相关。根据电极材料，苯酚可直接发生电化学降解反应（电化学低温燃烧）和利用电极表面产生的强氧化活性物种使酚类化合物发生氧化的间接转化（化学氧化）。这两种途径都可认为是通过羟基自由基进行氧化的，羟基自由基是由在电极表面上水的放电（$2H_2O \rightarrow 2OH\cdot + 2H^+ + 2e^-$）或者是氢氧根离子的直接氧化生成的（$OH^- \rightarrow OH\cdot + e^-$）。一旦羟基自由基形成，电极表面可能存在与电极特性相关的两种状态[16]：羟基自由基发生化学吸附，形成高价氧化物，得到"活性电极"（active electrodes）[17]；羟基自由基发生物理吸附，得到"非活性电极"（inactive electrodes）[18]。当用 Pt、Ti/IrO_2、Ti/RuO_2 等"活性电极"时，反应倾向于电化学转化过程，脂肪酸为最终产物，且伴随较低的电流效率；使用 Ti/SnO_2、Ti/PbO_2 等"非活性电极"时，反应倾向于电化学燃烧过程，苯酚完全降解为 CO_2，具有较高的电流效率。显然，Co_3O_4/PbO_2 复合电极表面发生了"电化学低温燃烧"过程，对苯酚进行了氧化降解。电极极化过程生成的大量的羟基自由基（·OH）实现了对苯酚的间接氧化。

众所周知，酚类化合物的氧化过程是通过一电子或二电子转移而形成中间产物苯氧自由基或苯醌。在较低过电位的情况下酚类化合物向苯醌的转化被抑制，苯酚发生电聚合所生成的产物会覆盖电极表面，其组成主要是由苯氧自由基生成的二聚物或多聚物，电极的活性因此很难通过水溶液或有机溶剂的清洗而得到恢复，然而，电极的活性可通过在相同电解质的水溶液中进行阳极极化而得到修复。另外，类似于工业处理废水工艺，可以通过切换电极极性恢复电极活性，在这种情况下，Co_3O_4/PbO_2 复合电极在低电位下发生极化，该过程生成的大量的羟基自由基（·OH）会导致吸附在电极表面的聚合物完全被破坏，这是由于羟基自由基将聚合产物氧化成小分子的有机物。研究表明，经过阳极氧化后，苯酚氧化峰又回到初始位置。类似的催化性能也可以作用于在其他酚类化合物，如双酚 A、多元酚等。

4.6　Co_3O_4/PbO_2 复合电极材料的赝电容性能研究

图 4-12 为 nano-Co_3O_4（A）、Co_3O_4/PbO_2（$\varphi = 27.52\%$）（B）和 PbO_2（C）的循环伏安扫描曲线。尖晶石结构的 Co_3O_4 是由 Co^{2+} 和 Co^{3+} 构成的[19]，由图 4-12A 可知，nano-Co_3O_4 的 CV 曲线出现三对氧化还原峰，峰面积大致相等，呈良好的对称性。如图 4-12A 所示，在 -0.2 V 左右出现的成对氧化还原峰属于 CoO 中的 $Co^{2+} \leftrightarrow Co^{3+}$ 的氧化还原反应，如反应方程（4-9）所示；在 0 V 左右出现的成对氧化还原峰属于 $Co^{3+} \leftrightarrow Co^{4+}$ 的氧化还原反应，如反应方程（4-10）所示；而在 0.4 V 左右出现的成对氧化还原峰，可

能是 Co_2O_3 中的 $Co^{3+}\leftrightarrow Co^{4+}$ 的氧化还原反应，其反应方程如（4-11）所示。

图 4-12C 为 PbO_2 的 CV 曲线，由该图可知，纯 PbO_2 在氢氧化钠溶液中的反应电流较低，电化学窗口仅为 0.6 V，并且只在 0.25 V 左右出现一个单一的氧化峰，这可能是 2 价 Pb 被氧化为 4 价 Pb 出现的氧化峰，没有对应的还原反应峰出现，说明 PbO_2 在碱性溶液中的循环可逆性并不理想。

图 4-12B 为 Co_3O_4/PbO_2 复合电极材料的 CV 曲线图，该 CV 曲线具有良好的对称性，在 0.2~0.8 V 之间出现一对氧化还原峰，且该对氧化还原峰的峰面积较大。由于 nano-Co_3O_4 已嵌入在 PbO_2 中，溶液中的反应介质几乎都只与 PbO_2 表面接触，但是在复合材料的内部，PbO_2 可以将电子传到 Co_3O_4，所以该复合电极材料的 CV 曲线出现的这对氧化还原峰，可能属于反应（4-12）；该氧化还原反应的峰电流密度较大，循环可逆性良好，这使得 Co_3O_4/PbO_2 复合材料具有了良好的赝电容性能；0~-0.7 V 范围内没有出现明显的反应峰，呈现近似矩形的曲线，此时溶液中的正负离子在电场的作用下，在复合电极材料表面形成了双电层电容。

$$CoO + OH^- + H_2O \underset{discharge}{\overset{charge}{\rightleftharpoons}} Co(OH)_3 + e^- \qquad (4-9)$$

$$Co(OH)_3 + OH^- \underset{discharge}{\overset{charge}{\rightleftharpoons}} CoO_2 + 2H_2O + e^- \qquad (4-10)$$

$$Co_2O_3 + 2OH^- \underset{discharge}{\overset{charge}{\rightleftharpoons}} 2CoO_2 + H_2O + 2e^- \qquad (4-11)$$

$$[PbO\text{-}Co_3O_4] + 6OH^- \underset{discharge}{\overset{charge}{\rightleftharpoons}} [PbO_2\text{-}3CoO_2] + 3H_2O + 6e^- \qquad (4-12)$$

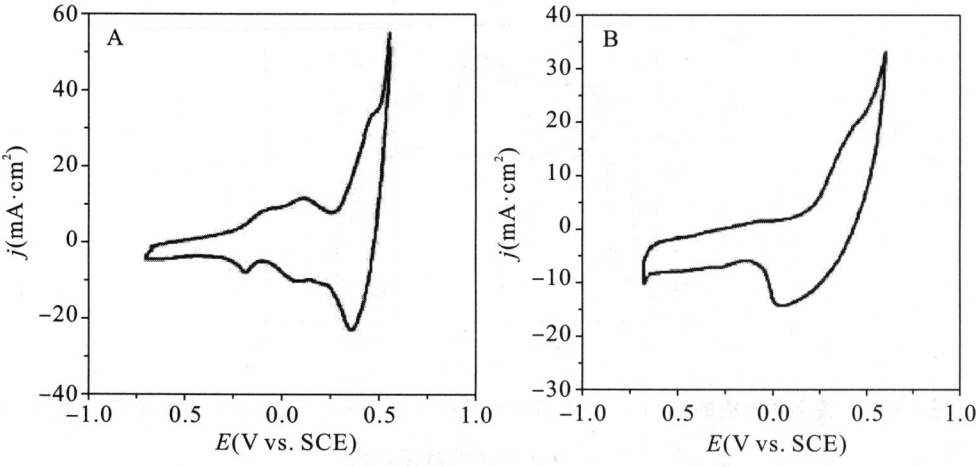

图 4-12 不同材料在 1 mol/L NaOH 溶液中的循环伏安扫描曲线图（扫速为 10 mV/s）

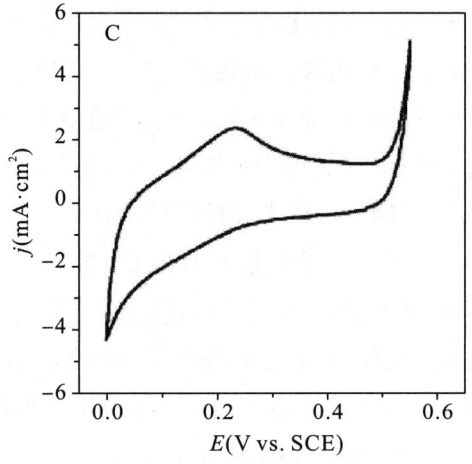

图 4－12（续）

A—nano-Co_3O_4 B—Co_3O_4/PbO_2（$\varphi=27.52\%$）   C—PbO_2

图 4－13 为不同组成的 Co_3O_4/PbO_2 复合电极材料、nano-Co_3O_4 以及 PbO_2 在 1 mol/L NaOH 溶液中的充放电测试图。根据公式（4－13）和图 4－13，计算出各电极材料的比电容值，其数据如表 4－4 所示。

$$C_g = \frac{I \cdot t}{\Delta E \cdot m} \quad (4-13)$$

式中，C_g 为比电容值；

I 为放电电流；

t 为放电时间；

ΔE 为电势差；

m 为活性物质质量。

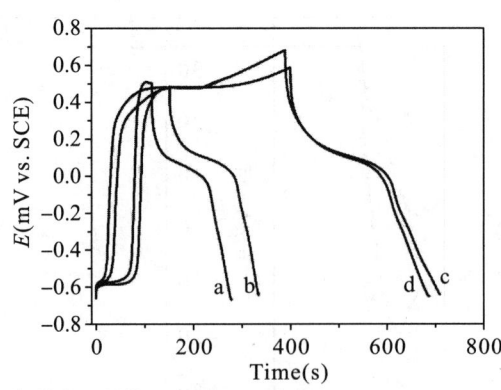

图 4－13 各不同组成的 Co_3O_4/PbO_2 复合电极材料在 1 mol/L NaOH 溶液中电流密度为 10 mA/cm^2 时的充放电曲线

a—$\varphi=0\%$ b—$\varphi=1.36\%$ c—$\varphi=7.91\%$ d—$\varphi=27.52\%$

表4-4 各不同组成 Co_3O_4/PbO_2 电极材料的比电容值

Materials	φ (%)	q_i^*/q_T^* (%)	C_g (F/g)
Nano-Co_3O_4	100	—	128
PbO_2	0	84.33	11
Co_3O_4/PbO_2	1.36	94.59	113
	7.91	94.92	138
	16.99	95.21	215
	27.52	95.77	217

由图4-13可见，Co_3O_4/PbO_2复合电极材料的充电曲线在大约0.5 V左右出现一个充电平台，而在放电曲线上，0.1 V左右出现一个明显的放电平台，随着φ的增加，放电平台也随着延长，φ为16.99%时达最大。该现象与图4-12B相对应，充放电平台的出现是由于复合电极材料表面发生了法拉第反应 $[PbO\text{-}Co_3O_4]+6OH^-\leftrightarrow[PbO_2-3CoO_2]+3H_2O+6e^-$。该反应进行的时间越长，放电平台越长，复合电极材料的放电容量随之得以提高。

Co_3O_4/PbO_2复合电极材料良好的赝电容性能可能是由两方面原因产生，一方面是复合电极材料的多孔性和较大的比表面积，另一方面原因则是PbO_2与Co_3O_4之间的电子协同效应。相对于平面电极，Co_3O_4/PbO_2复合电极材料属于准三维电极，介质可以通过空洞渗透进入材料内部，进行反应，这使得溶液中的离子传输距离几乎可以忽略，介质扩散的限制被极大地削减了；同时，虽然复合电极材料的表面是PbO_2，掺杂的nano-Co_3O_4处在内部，但是由于PbO_2具有良好的导电性能，当表面的PbO_2与介质发生反应的时候，体相的nano-Co_3O_4可在瞬时与PbO_2发生电子交换，进而发生法拉第反应，进行能量的存储和释放。

图4-14为各不同组成的复合电极材料与φ之间的关系。由表4-4和图4-14可知，纯PbO_2的比电容值仅为11 F/g，nano-Co_3O_4的比电容值为128 F/g；Co_3O_4/PbO_2复合电极材料的比电容值，随着φ提高而增大；当φ为7.91%时，其比电容值可达138 F/g，比nano-Co_3O_4的电容性能好；当φ为27.52%时，复合材料的比电容值达最大，可达217 F/g。

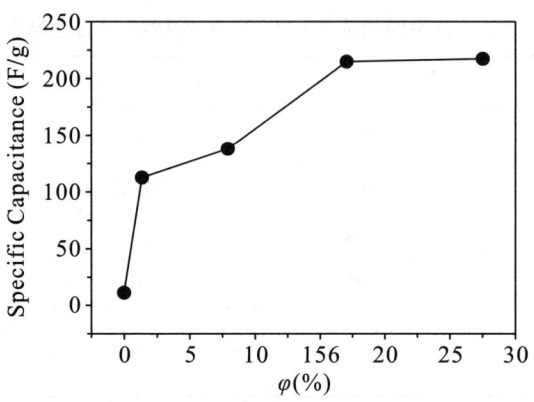

图4-14 Co_3O_4/PbO_2 复合材料的比电容值与 φ 的关系

采用阳极复合共沉积法,在含有 Pb^{2+} 的纳米 Co_3O_4 粒子悬浮溶液中,能够制备得到不同组成的 PbO_2 和 Co_3O_4 的复合电极。同未掺杂 Co_3O_4 的 PbO_2 电极相比,掺杂 Co_3O_4 的 PbO_2 复合电极,其晶体颗粒小、孔隙率高,因而其比表面积增加,并且其内部电荷占有更大的比重。起始析氧电位、Tafel 截距 a 和 1 mA/cm^2 下的析氧过电位都表明,掺杂 Co_3O_4 的 PbO_2 复合电极对氧析出反应有更高的催化活性。并且随 Co_3O_4 含量(φ)的增加,析氧电位负移的幅度增大,其起始析氧电位最大可降低约 160 mV。由于多孔性和组分间的电子协同效应,使得 Co_3O_4/PbO_2 复合电极材料具有良好的赝电容性能;复合材料电容性能为最佳,其比电容值可达 217 F/g。

参考文献

[1] SINGH R N, MISHRA D, ANINDITA, et al. Novel electrocatalysts for generating oxygen from alkaline water electrolysis [J]. Electrochemistry Communications, 2007, 9 (6): 1369-1373.

[2] PALMAS S, FERRARA F, MASCIA M, et al. Modeling of oxygen evolution at Teflon - bonded Ti/Co_3O_4 electrodes [J]. Internatinal Journal of Hydrogen Energy, 2009, 34 (4): 1647-1654.

[3] LU B G, CAO D X, WANG P, et al. Oxygen evolution reaction on Ni - substituted Co_3O_4 nanowire array electrodes [J]. Internatinal Journal of Hydrogen Energy, 2011, 36 (1): 72-78.

[4] ESSWEIN A J, MCMURDO M J, ROSS P N, et al. Size - dependent activity

of Co_3O_4 nanoparticle anodes for alkaline water electrolysis [J]. The Journal of Physical Chemistry C, 2009, 113 (33): 15068-15072.

[5] GAO Y Y, CHEN S L, CAO D X, et al. Electrochemical capacitance of Co_3O_4 nanowire arrays supported on nickel foam [J]. Journal of Power Sources, 2010, 195 (6): 1757-1760.

[6] ZHOU W J, XU M W, ZHAO D D, et al. Electrodeposition and characterization of ordered mesoporous cobalt hydroxide films on different substrates for supercapacitors [J]. Microporous and Mesoporous Materials, 2009, 117 (1/2): 55-60.

[7] LI Y H, HUANG K L, ZENG D M, et al. RuO_2/Co_3O_4 thin films prepared by spray pyrolysis technique for supercapacitors [J]. Journal of Solid State Electrochemistry, 2010, 14 (1): 1205-1211.

[8] ZHU T, CHEN J S, LO X W. Shape-controlled synthesis of porous Co_3O_4 nanostructures for application in Supercapacitors [J]. Journal of Materials Chemistry, 2010, 20 (33): 7015-7020.

[9] LI Y H, HUANG K L, YAO Z F, et al. Co_3O_4 thin film prepared by a chemical bath deposition for electrochemical Capacitors [J]. Electrochimica Acta, 2011, 56 (2): 2140-2144.

[10] XU J, GAO L, CAO J Y, et al. Preparation and electrochemical capacitance of cobalt oxide (Co_3O_4) nanotubes as supercapacitor material [J]. Electrochimica Acta, 2010, 56: 732-736.

[11] VOGT H. Note on a method to interrelate inner and outer electrode areas [J]. Electrochimica Acta, 1994, 39 (13): 1981-1983.

[12] VELICHENKO A B, GIRENKO D V, DANILOV F I. Mechanism of lead dioxide electrodeposition [J]. Journal of Electroanalytical Chemistry, 1996, 405 (1/2): 127-132.

[13] COMNINELLIS C H, PULGARIN C. Anodic Oxidation of Phenol for Waste Water Treatment [J]. J Appl Electrochem, 1991, 21 (1): 703-708.

[14] COMNINELLIS C, PULGARIN C. Electrochemical oxidation of phenol for wastewater treatment using SnO_2 anodes [J]. J Appl Electochem, 1993, 23 (1): 108-112.

[15] COMNINELLIS C. Electrocatalysis in the electrochemical conversion/com-

bustion of organic Pollutants for waste water treatment [J]. Electrochem Acta, 1994, 39 (11/12): 1857 - 1862.

[16] CAÑIZARES P, MARTÍNEZ F, DÍAZ M, et al. Electrochemical oxidation of aqueous phenol wastes using active and non - active electrodes [J]. J Electrochem Soc, 2002, 149 (1): D118.

[17] CAÑIZARES P, GARCÍA-GÓMEZ J, LOBATO J, et al. Modeling of wastewater electro - oxidation processes part II. Application to active electrodes [J]. Ind Eng Chem Res, 2004, 43 (9): 1923 - 1931.

[18] CAÑIZARES P, GARCÍA-GÓMEZ J, LOBATO J, et al. Modeling of wastewater electro - oxidation processes part I. General description and application to inactive electrodes [J]. Ind Eng Chem Res, 2004, 43 (9): 1915 - 1922.

[19] XIE X W, LI Y, LIU Z Q, et al. Low - temperature oxidation of CO catalysed by Co_3O_4 nanorods [J]. Nature, 2009, 458 (7239): 746 - 749.

第5章 WO_3/PbO_2 复合电极材料的制备及其电化学性能研究

5.1 引言

我国的钨矿分布很广,目前探明的钨储量世界排名第一,占全球总量的45%。因此,研究钨及其化合物的性质及应用具有巨大的意义。WO_3是具有多种晶体结构的钨的氧化物,属于宽带隙半导体材料(E_g = 2.5~3.7 eV),表现出许多独特的性质,是一种重要的功能材料,在光致发光[1]、电致发光[2]、传感器[3]、光催化降解[4]等方面都有着广泛的应用。WO_3具有良好的催化活性,可用于水分解制H_2/O_2。Kudo等[5]发现在酸性溶液中加入WO_3,有利于水分解反应。

在超级电容器的研究领域中,过渡金属氧化物如氧化镍[6]、四氧化三钴[7]和二氧化锰[8]等,由于价格低廉而备受关注,但是这些研究却很少提及氧化钨。目前,一些研究人员发现WO_3在超级电容器方面具有很大的应用潜能。Yoon等[9]制备的介孔WO_{3-x}具有很高的电容性能(366~639 F/cm^2);Huang等[10]制备的无定形氧化钨在循环测试6500圈后,电容值仍可达231 F/cm^2。但WO_3还存在一些问题,它的伏安特性曲线的重复性不好,后面的测量不能重复以前的测量结果,而且还存在严重的电学弛豫现象,在恒定电压下电流随时间衰减[11]。

PbO_2在酸性溶液中具有很高的稳定性和导电性,若将纳米WO_3分散在PbO_2基质中,可以提高WO_3的稳定性和导电性,同时WO_3也有助于提高PbO_2的催化活性和电容性能,二者复合而成的电极材料在储能和催化降解方面会具有很大的应用价值。

5.2 纳米 WO_3 与 PbO_2 复合共沉积过程研究

复合共沉积法是利用电化学理论进行的电沉积的过程，即在某些电解液里，对阴阳两极施加直流电场构成回路，使电解液中的金属离子电沉积到电极基体表面。

镀液中，离子形成离子云，包裹在粒子表面；被包裹的粒子在电场作用下向阴极或阳极表面移动；粒子经扩散先通过动力边界层；再经过浓度边界层；最后吸附在阴极/阳极表面，随金属/金属氧化物的沉积被捕获进入镀层。

测试 WO_3 纳米粒子的 Zeta 电位可知，镀液中 WO_3 纳米粒子的 Zeta 电位为 -5.24 eV，说明用表面活性剂修饰的 WO_3 纳米粒子在水溶液中表面带负电，在含有 Pb^{2+} 离子的镀液中，Pb^{2+} 离子通过静电作用吸附在带负电的 WO_3 纳米粒子周围，在电镀过程中，WO_3 纳米粒子随着 Pb^{2+} 离子向正极迁移，并随着 PbO_2 的沉积，嵌入镀层。

25 ℃下，分别在纯 $Pb(NO_3)_2$ 镀液与 WO_3 的浓度为 8 mmol/L 时复合 WO_3 镀液中，测试不同扫描速度（A—1 mV/s、B—5 mV/s、C—10 mV/s、D—15 mV/s、E—20 mV/s）下的循环伏安曲线，如图 5-1 所示。

由图 5-1 可知，在 0.4~1 V 范围内，出现一个较大的还原峰，且随扫速的增大峰电流也增大。由图 5-1A~F 可知，在 1.2~1.6 V 之间出现一个电流包络环，由电位正向扫描和电位反向扫描所形成，可能是 PbO_2 的电结晶沉积所引起的。而在不同扫描速度下，WO_3/PbO_2 复合沉积体系的包络环比纯 PbO_2 沉积体系都大，且包络环略有正移，峰电流明显推迟，说明复合镀液中的 WO_3 对 PbO_2 沉积过程有影响。因为 WO_3 纳米粒子在镀液中的 Zeta 电位为 -5.24 eV，可能使得 PbO_2 的沉积电位增大，所以峰电流推迟。由图 5-1F 可知，在不同扫描速度下，WO_3/PbO_2 复合沉积体系和纯 PbO_2 沉积体系循环伏安曲线略有差别，WO_3/PbO_2 复合沉积体系的起峰电流在 1.3~1.4 V 附近出现，此时应该是 PbO_2 开始成核、结晶和生长的沉积过程；纯 PbO_2 沉积体系的起峰电位略低于 WO_3/PbO_2 复合沉积体系，但随扫描速度的增大这种差别越来越不明显，有可能是反应过快导致 WO_3 纳米粒子来不及沉积在电极上，对镀层形貌的改变影响并不大。

第 5 章 WO₃/PbO₂复合电极材料的制备及其电化学性能研究

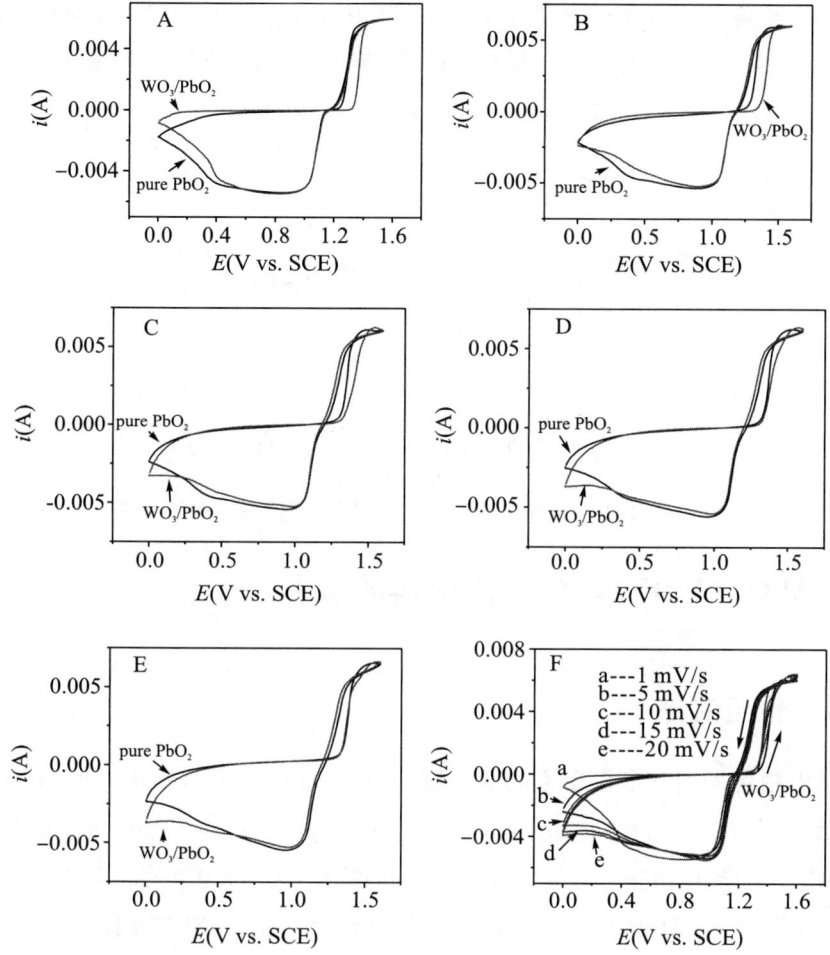

图 5-1 纯 PbO_2 沉积和 WO_3/PbO_2 复合沉积过程的循环伏安曲线

A—1 mV/s　B—5 mV/s　C—10 mV/s　D—15 mV/s　E—20 mV/s　F—1 mV/s、5 mV/s、10 mV/s、15 mV/s、20 mV/s

25 ℃下分别在纯 Pb（NO₃）₂镀液与 WO₃的浓度为 8 mmol/L 时复合 WO₃镀液中，测试在扫描速度 10 mV/s 下的线性扫描曲线，如图 5-2 所示。

由图 5-2 可以看到，纯 PbO₂沉积和 WO₃/PbO₂复合沉积形式基本一致。电流随电压的升高而变大，此过程应该是 Pb^{2+} 转换成 Pb^{4+}。在 1.7 V 之后，纯 PbO₂沉积过程的电流小于 WO₃/PbO₂复合沉积的电流，氧化峰负移，可能是镀液 WO₃的影响。从线性扫描曲线上可以看出，纯 PbO₂沉积过程中，在 1.9 V 左右电流明显增大，这应该是有氧析出的原因。而 WO₃纳米粒子加入后，使得 WO₃/PbO₂复合沉积的起峰电压低于纯 PbO₂的沉积，这可能减缓了 PbO₂的沉积速度，改变 PbO₂的空间生长方式，得到形貌不同于纯 PbO₂的沉积的镀层。所以复合WO_3镀液中的WO_3纳米粒子对PbO_2沉积过程有促进作用,在WO_3纳米粒子和PbO_2复合共沉积过程中,复合WO_3镀液优于纯$Pb(NO_3)_2$镀液。

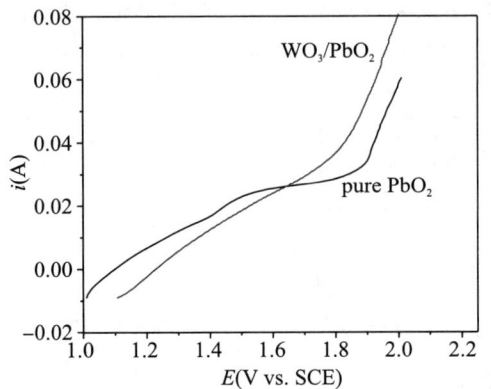

图5-2　纯PbO_2沉积和WO_3/PbO_2复合沉积过程的线性扫描曲线,扫速为10 mV/s

5.3　WO_3/PbO_2复合电极材料的制备

5.3.1　恒压制备

电极制备采用三电极单室的电解槽,将1 cm×1 cm Ti/SnO_2-Sb_2O_5作为阳极基体,2 cm×2 cm Ti/RuO_2-TiO_2-SnO_2电极为辅助电极,222型饱和甘汞电极(SCE)为参比电极。配制含有20% 丙酮的100 mL 0.1 mol/L Pb(NO_3)$_2$溶液,调节溶液pH值至3~4,放入适量WO_3纳米片,超声搅拌5 min,至粒子完全稳定悬浮后,将溶液移入电解槽中进行恒电位电镀,沉积电位为1.4 V,沉积时间为2 h,沉积过程中持续向电解槽中鼓泡。制备完成后,将所制备的电极用超纯水冲洗多次,待用。

5.3.2　恒流制备

配制镀液:配制100 mL 0.1 mol/L Pb(NO_3)$_2$、0.1 mol/L HNO_3的溶液,向该溶液中加入0~8 mmol/L的纳米WO_3粒子,超声搅拌10 min。

用恒电流法制备1 cm×1 cm的单面PbO_2电极,工作电极为1 cm×1 cm 3D-Ti/SnO_2-Sb_2O_5,对电极为2 cm×2 cm Ti/RuO_2-TiO_2-SnO_2电极,参比电极为饱和甘汞电极(SCE)。

25 ℃下,控制沉积的电流为35 mA,通过调节镀液中纳米WO_3·H_2O粒子浓度(0 mmol/L、2 mmol/L、4 mmol/L、6 mmol/L、8 mmol/L、10 mmol/L)制

备出不同组成的 WO_3/PbO_2 复合材料。

5.4 $WO_3 \cdot H_2O/PbO_2$ 复合电极的结构、组成与形貌分析

5.4.1 恒压制备的 $WO_3 \cdot H_2O/PbO_2$ 复合电极的结构、组成与形貌分析

图 5-3 为 $WO_3 \cdot H_2O$ 纳米片、$WO_3 \cdot H_2O/PbO_2$ 复合电极材料和 PbO_2 电极材料的 XRD 分析。如图 5-3C 所示，对照标准卡 JCPDS Card 43-0679，$WO_3 \cdot H_2O$ 纳米片由 TEM 图片分析可知，该纳米 $WO_3 \cdot H_2O$ 为 200 nm × 200 nm × 10 nm 的纳米片（图 5-4）。对照标准卡 JCPDS Card 41-1492 可知，在相同条件下制备的未掺杂 $WO_3 \cdot H_2O$ 纳米片的 PbO_2 为 β-PbO_2（图 5-3A）。而图 5-3B 则为 $WO_3 \cdot H_2O/PbO_2$ 复合物的 XRD 分析。由图 5-3B 与 A、C 的对比可知，在 25.33°、31.91°、49.27°、59.06°、60.67°、62.69°、67.04° 及 74.87° 处出现的衍射峰属于 β-PbO_2；而在 25.33°、33.52°、34.92°、36.11°、38.29°、52.27°、56.26° 及 56.89° 处出现的衍射峰属于 $WO_3 \cdot H_2O$，由此可知，该电极材料是由 $WO_3 \cdot H_2O$ 与 β-PbO_2 所组成的复合物。

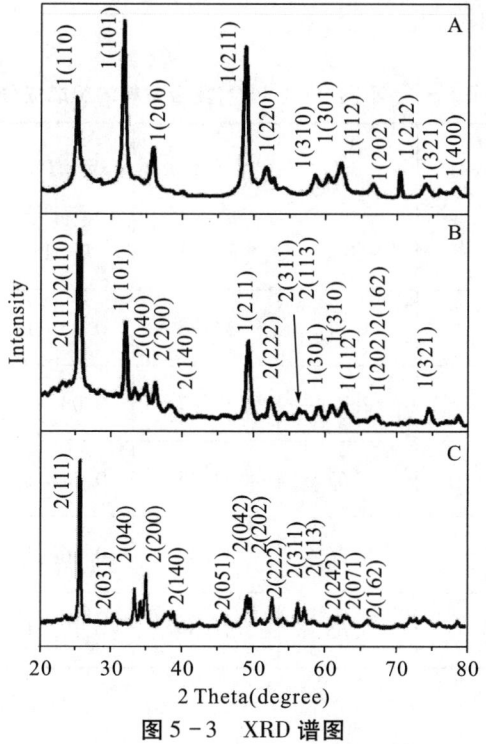

图 5-3 XRD 谱图

A—PbO_2 电极材料　B—$WO_3 \cdot H_2O/PbO_2$ 复合电极材料　C—$WO_3 \cdot H_2O$

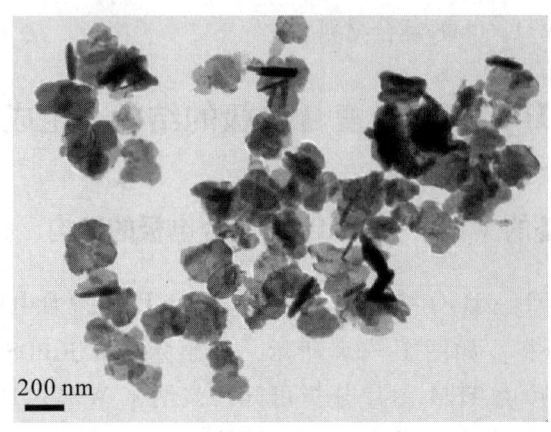

图 5-4　$WO_3 \cdot H_2O$ 纳米片的 TEM 图像

通过调节镀液中 $WO_3 \cdot H_2O$ 的浓度（C）制备出不同组成的 WO_3/PbO_2 复合物，XPS 对各电极中 Pb、W 两种元素含量的分析结果如表 5-1 所示。随着镀液中 $WO_3 \cdot H_2O$ 纳米片含量（C）的增大，镀层中 W 元素的含量（P_W）也随之增大，但并非持续增大，而是趋于一个极限值，当 C 为 10 mmol/L 时，镀层中的 W 元素的量达到最大（5.65 at.%），这一结果与 Guglielmi 模型[12]相符合。

表 5-1　不同 WO_3/PbO_2 复合材料的组成成分

Materials	C (mmol/L)	P_W (at.%)	P_{Pb} (at.%)	W:Pb	C_{dl} ($\mu F/cm^2$)	R_F
PbO_2	0	0	33.33	0:1	69.40	1.15
$WO_3 \cdot H_2O$ /PbO_2	1	1.71	34.26	0.05:1	333.0	5.55
	3	2.74	33.87	0.08:1	859.8	14.33
	5	3.67	33.25	0.11:1	1927.2	32.12
	7	5.26	32.48	0.16:1	3147.0	52.45
	10	5.65	31.69	0.18:1	3406.8	56.78

图 5-5 为不同组成复合电极的 SEM 照片，由图 5-5A 发现，PbO_2 晶体块平均粒径大小约为 5 μm 左右，层层堆积生长，表面十分致密；由图 5-5B、C、D 发现，当 PbO_2 晶体中裹挟 WO_3 纳米片后，晶体粒径变小，在基体表面呈簇状堆积，且簇与簇之间不紧密地连接，使得电极表面出现了大量孔隙；并且，随着 WO_3 纳米片掺杂的量（P_W）的增大，形成的复合物晶体颗粒逐渐减小，其大小从 5 μm 左右变为几百纳米，同时单位面积上晶簇的数量也随之增多，彼此之间的孔隙度变大。以上结果揭示，复合电极的比表面积和孔隙率随 P_W 的增大而增大。

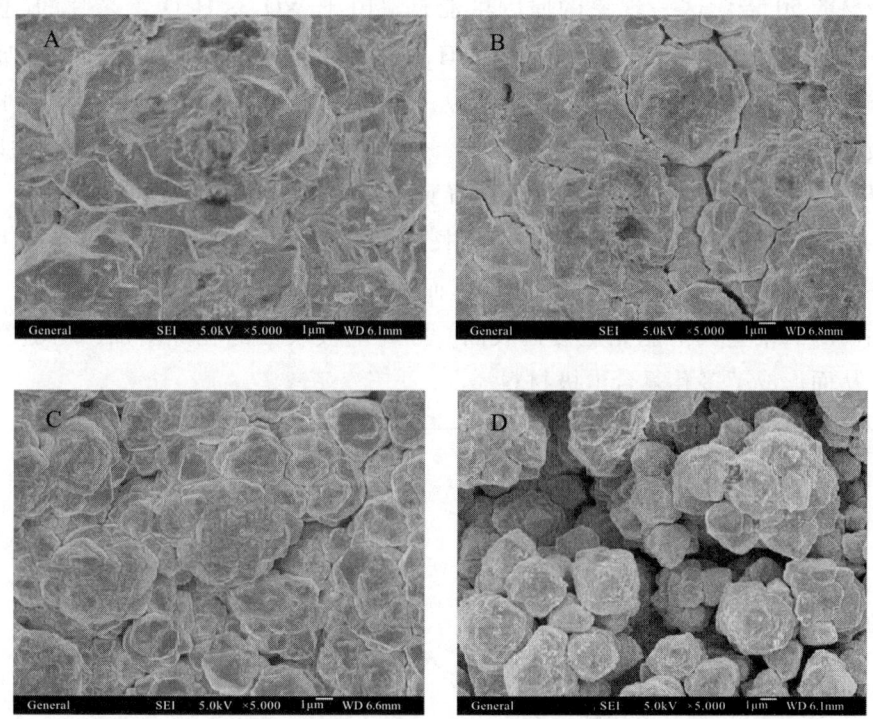

图 5-5　不同组成的 WO_3/PbO_2 材料的 SEM 图像

A—P_W = 0 at.%　　B—P_W = 1.71 at.%　　C—P_W = 3.67 at.%　　D—P_W = 5.65 at.%

为进一步研究 $WO_3 \cdot H_2O$ 纳米片的掺杂对复合电极比表面积的影响，我们采用双电层电容法[13]计算出各个组成的复合材料的有效电化学面积比（R_F），各电极的双电层电容值（C'_{dl}）均通过 EIS 测试分析得到，其分析结果如表 5-1 所示。其计算公式如下：

$$R_F = \frac{C'_{dl}}{C^0_{dl}} \tag{5-1}$$

式中：C'_{dl} 为各个复合电极的双电层测量值；

C^0_{dl} 为光滑电极的双电层值（60 μF/cm²）；

R_F 为电极表面有效电化学面积比。

以上结果揭示，$WO_3·H_2O$ 纳米片的掺杂对 PbO_2 电极的比表面积、孔隙率以及晶粒的大小均有影响。图5-6 为复合镀层中 W 元素的含量 P_W 与其有效电化学面积比 R_F 之间的关系，其结果表明，$WO_3·H_2O$ 纳米片掺杂后，复合电极材料表面的孔隙率、有效电化学面积比（R_F）骤然增大；并且其电化学有效面积随 $WO_3·H_2O$ 纳米片掺杂量的增大而增大，最大约可达到纯 PbO_2 电极材的 50 倍。这一现象的原因可能是，由于 $WO_3·H_2O$ 纳米片的ζ电位为 -5.24 eV，在电场作用下，$WO_3·H_2O$ 纳米片会通过物理吸附或化学吸附的作用，优先吸附在基体表面上。所以，同未掺杂 $WO_3·H_2O$ 纳米片的 PbO_2 电极相比，PbO_2 晶粒的生长速度降低，而晶核的生长速度增加，即生长速度下降，而加速了新晶核的形成，因此导致复合电极的晶体颗粒的粒径减小。由于 PbO_2 在电极表面的电沉积是三维生长，$WO_3·H_2O$ 纳米片在电极表面占据活性位抑制了 PbO_2 晶粒的平面生长，而加速了垂直于电极表面的晶粒生长，平面内的二维生长不能完全覆盖表面，因此电极表面的孔隙增加，粗糙度增大，从而形成了多孔复合电极材料。

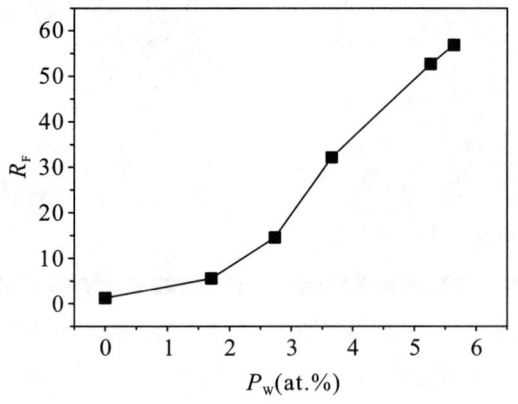

图5-6 有效电化学面积比 R_F 与 P_W 的关系

5.4.2 恒流制备的 $WO_3·H_2O/PbO_2$ 复合电极的结构、组成与形貌分析

图5-7 为 $WO_3·H_2O/PbO_2$ 复合材料（P_W = 11.54 at.%）的 XRD 分析谱图。如图5-7 所示，对照标准卡 PDF#18-1418 可知，在 25.50°、33.32°、34.11°、34.89°、37.65°、38.1°、38.74°、45.81°、49.10°、52.58°、

54.127°、56.14°、62.63°及71.9°等处出现了 $WO_3 \cdot H_2O$ 的（111）、（040）、（200）、（131）、（041）、（220）、（022）、（051）、（151）、（222）、（013）、（311）、（260）、（400）晶面的特征峰；对照标准卡 PDF#010-0579 可知，25.43°、32.05°、36.5°、49.5°、52.55°、59.18°、62.59°、67.14°、74.61°及78.92°处的衍射峰分别对应于 PbO_2 的（110）、（101）、（200）、（211）、（220）、（310）、（301）、（202）、（321）以及（222）晶面。由此可确定，所制备的产品为 $WO_3 \cdot H_2O$ 与 PbO_2 的复合材料。

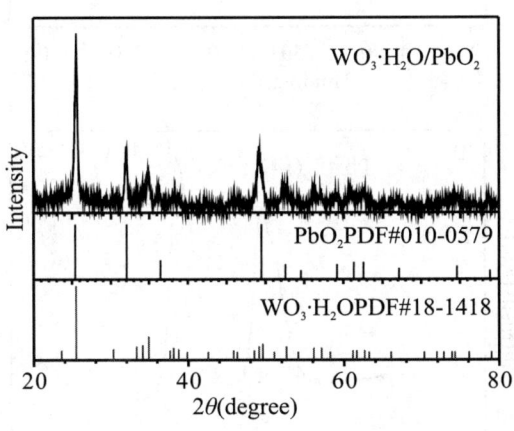

图 5-7　$WO_3 \cdot H_2O/PbO_2$ 复合材料（P_W = 11.54 at.%）的 XRD 谱图

为了进一步说明 $WO_3 \cdot H_2O/PbO_2$ 复合材料的组成，我们又通过X射线电子能谱对其进行分析测定。所有需要测量的数据都是以 C1s 结合能（BE）（284.6 eV）作为基准的。在一个宽范围的结合能谱图中，如图 5-8A 显示样品中只有 C、O、Pb 和 W 这四种元素存在。Pb4f 核心轨道的能谱如图 5-8B 所示，137.2 eV 处的 Pb $4f_{7/2}$ 轨道和 142.1 eV 处的 Pb$4f_{5/2}$ 轨道的结合能，都与文献中报道的核心轨道结合能的数值很吻合[14,15]。Pb$4f_{7/2}$ 与 Pb$4f_{5/2}$ 轨道之间的自旋轨道劈裂能为 4.9 eV，这同文献中报道的数值一致[16]。图 5-8C 为 W4f 核心轨道能谱，35.6 eV 处的 W$4f_{7/2}$ 轨道和 37.8 eV 处的 W$4f_{5/2}$ 轨道的结合能，都与文献中报道的核心轨道结合能的数值很吻合[17,18]。W$4f_{7/2}$ 与 W$4f_{5/2}$ 轨道之间的自旋轨道劈裂能为 2.2 eV，这也同文献中报道一致[19]。通过以上分析可知，$WO_3 \cdot H_2O/PbO_2$ 复合材料由 WO_3 和 PbO_2 组成，这与 XRD 的测试分析一致（如图 5-7）。

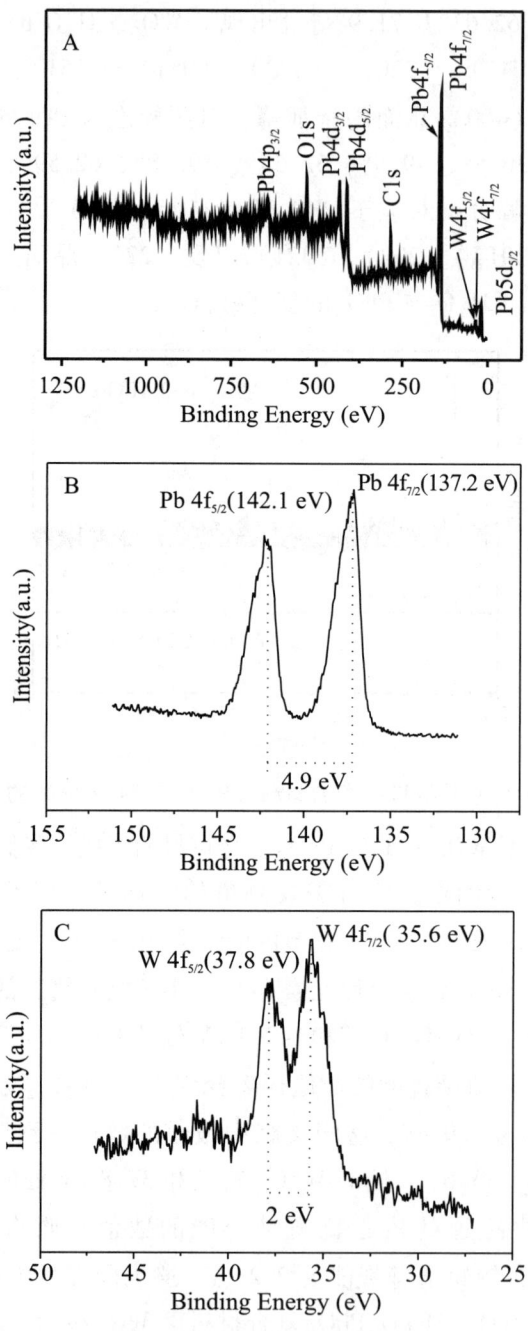

图 5-8 几种能谱

A—$WO_3 \cdot H_2O/PbO_2$ 复合材料（$P_W = 11.54$ at.%）的 X 射线电子能谱
B—Pb4f 的衍射能谱　C—W4f 的衍射能谱

图5-9为不同$WO_3 \cdot H_2O$粒子浓度制备的不同组成的$WO_3 \cdot H_2O/PbO_2$复合材料的SEM图。

如图5-9A所示,纯PbO_2电极表面由层层的PbO_2晶体块堆积而成,且紧凑致密;当镀液中含$WO_3 \cdot H_2O$纳米粒子时,由图5-9B~F可知,PbO_2晶体的粒径在随着复合镀液中$WO_3 \cdot H_2O$纳米浓度的增加而逐渐减小,在复合电极的基体表面上PbO_2晶体簇状堆积越来越明显,晶簇与晶簇间的连接也越来越不紧凑,最终导致复合电极表面的孔隙间距逐渐增大。综上所述,复合镀液中$WO_3 \cdot H_2O$的浓度增大可以提高$WO_3 \cdot H_2O/PbO_2$复合电极的比表面积及孔隙率。35 mA 电镀过程中电极上会发生析氧反应,氧气的析出会影响PbO_2的沉积过程,可能导致复合材料的孔隙率增加,从而改变复合电极表面形貌。

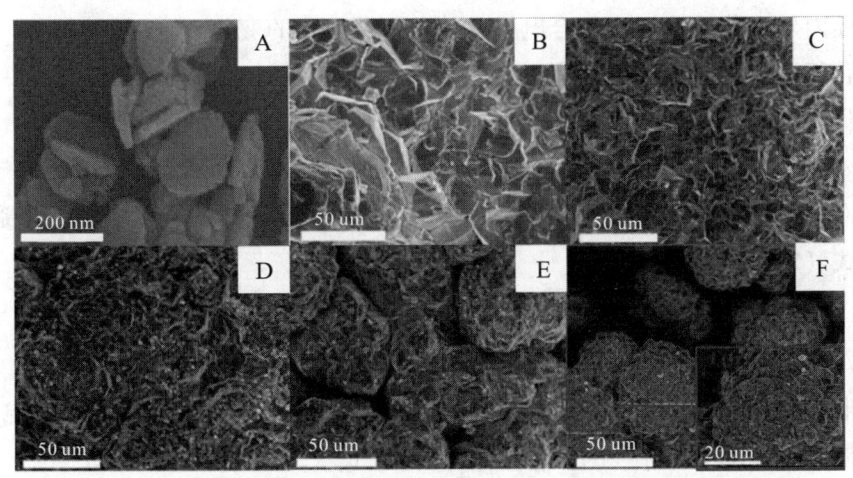

图5-9 不同组成的$WO_3 \cdot H_2O/PbO_2$复合材料的SEM图像
A—纯$WO_3 \cdot H_2O$纳米片 B—0 at.% C—0.78 at.% D—4.4 at.%
E—10.3 at.% F—11.54 at.%及其内部放大图

纳米$WO_3 \cdot H_2O$纳米片在外电场的影响下,由于物理和化学吸附的作用,$WO_3 \cdot H_2O$纳米粒子会先在电极基体的表面上吸附沉积。因此,掺杂了$WO_3 \cdot H_2O$纳米粒子的复合电极与未掺杂$WO_3 \cdot H_2O$纳米粒子的电极材料相比,PbO_2晶粒生长速度减缓了,而新晶核的形成在不断增加,从而致使复合电极的晶粒粒径减小。在复合电沉积过程中,由于复合电极的表面活性位被$WO_3 \cdot H_2O$纳米粒子所占,使得PbO_2晶粒的沉积由三维生长,变为PbO_2晶粒在垂直基体方向的速度生长快于平面生长PbO_2晶粒,最终造成PbO_2晶粒的二维生长,使得复合电极表面不能被全部覆盖,因此致使复合电极表面有大量的孔隙，表面也更加粗糙，从而形成了多孔复合电极材料。

掺杂 $WO_3 \cdot H_2O$ 纳米粒子可以提高 PbO_2 电极的比表面积和孔隙率，是因为 $WO_3 \cdot H_2O$ 纳米粒子影响了 PbO_2 沉积过程。在电沉积过程中 PbO_2 的形成可分为三部分：首先，镀液里的 H_2O 经过电极极化被氧化形成羟基自由基 OH_{ads}，并在电极表面吸附；然后，OH_{ads} 与 Pb^{2+} 反应形成过渡物质 $Pb(OH)^{2+}$，沉积在电极表面上；最后，$Pb(OH)^{2+}$ 再与 H_2O 结合，发生氧的转移生成 PbO_2。以下为此过程的反应方程式：

$$H_2O \rightarrow OH_{ads} + H^+ + e^- \tag{5-2}$$

$$Pb^{2+} + OH_{ads} \rightarrow Pb(OH)^{2+} \tag{5-3}$$

$$Pb(OH)^{2+} + H_2O \rightarrow PbO_2 + 4H^+ + 2e^- \tag{5-4}$$

利用伏安电量法对复合电极的电化学有效面积进行测试分析，通过计算电极表面内外电荷比来阐明复合电极有效电化学面积的变化。

孔隙率是材料中孔隙体积与材料在自然状态下总体积的百分比，不同组成的 $WO_3 \cdot H_2O/PbO_2$ 复合电极的孔隙率可以利用伏安电量计算得到。因为伏安电量 q^* 随着扫描速率 v 的增大而降低，当扫描速率 v 趋于零时，q^* 约等于电极表面的真实电量 q_T^*，$WO_3 \cdot H_2O/PbO_2$ 复合电极的表面的真实电量 q_T^* 通过方程式（5-5）的截距得到。

$$(q^*)^{-1} = (q_T^*)^{-1} + \kappa v^{1/2} \tag{5-5}$$

q_T^* 由电极的外部电量 q_o^* 和内部电量 q_i^* 两部分组成，即 $q_T^* = q_i^* + q_o^*$。外部电量 q_o^* 为几何面积上的电量，而内部电量 q_i^* 为不可触及孔隙中的电量。孔隙率则可以定义为 q_i^*/q_T^*，q_o^* 通过方程式（5-6）计算求得。

$$q^* = q_o^* + \kappa' v^{-1/2} \tag{5-6}$$

不同组成 $WO_3 \cdot H_2O/PbO_2$ 复合电极的伏安电量数据通过以上方法求出，如表 5-2 所示；且对比研究不同组成 $WO_3 \cdot H_2O/PbO_2$ 复合电极的伏安电量数据与 P_W 的关系，如图 5-10 和图 5-11 所示。由图 5-10 知，随着 P_W 的增大，$WO_3 \cdot H_2O/PbO_2$ 复合电极的真实电量 q_T^* 渐渐增大，q_i^* 的增长最为明显，q_i^* 比未掺杂 $WO_3 \cdot H_2O$ 纳米粒子的 PbO_2 电极大 56 倍；由图 5-11 可知，$WO_3 \cdot H_2O/PbO_2$ 复合电极的孔隙率比纯 PbO_2 电极相比有明显变化，且孔隙率随 P_W 的增大而增大，其孔隙率比 PbO_2 电极的孔隙率最大增加了大约 19%。不同组成 $WO_3 \cdot H_2O/PbO_2$ 复合电极的孔隙率计算结果表明，$WO_3 \cdot H_2O/PbO_2$ 复合电极随纳米 $WO_3 \cdot H_2O$ 纳米粒子的掺杂量 P_W 的增加而增大，也就是说复合电极的有效电化学面积在增大，这与前面 SEM 的测试分析结果一致。

表 5-2 不同组成 $WO_3 \cdot H_2O/PbO_2$ 复合材料的伏安电量分析数据

材料	P_W (at.%)	q_T^* (C·cm^2)	q_o^* (C·cm^2)	q_i^* (C·cm^2)	q_i^*/q_T^* (%)
PbO_2	0	0.04446	0.0120	0.03246	73.01
$WO_3 \cdot H_2O$ /PbO_2	0.78	0.05847	0.0101	0.04837	82.73
	4.00	0.10070	0.0154	0.08530	84.71
	10.30	1.01700	0.1280	0.88900	87.41
	11.54	1.98100	0.1550	1.82600	92.18

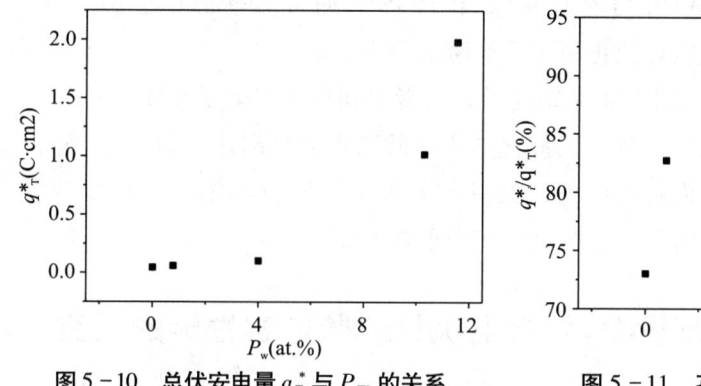
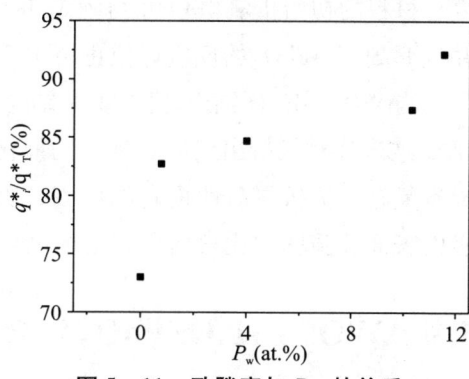

图 5-10　总伏安电量 q_T^* 与 P_W 的关系　　　图 5-11　孔隙率与 P_W 的关系

5.5　$WO_3 \cdot H_2O/PbO_2$ 复合电极材料析氧性能的研究

图 5-12 为不同组成 $WO_3 \cdot H_2O/PbO_2$ 复合材料在 1 mol/L H_2SO_4 溶液中，扫速为 1 mV/s 时的线性扫描曲线图。

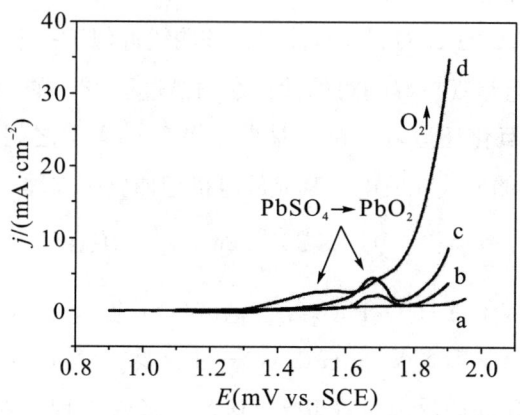

图 5-12　各不同组成电极材料在 1 mol/L H_2SO_4 溶液中的线性扫描图（扫速：1 mV/s）
a—PbO_2　b—$WO_3 \cdot H_2O/PbO_2$ 电极（P_W = 1.71 at.%）　c—$WO_3 \cdot H_2O/PbO_2$ 电极（P_W = 3.67 at.%）　d—WO_3/PbO_2 电极（P_W = 5.65 at.%）

由图 5-12 可知，纯 PbO_2 电极材料的初始析氧电位为 1.9 V 左右，$WO_3 \cdot H_2O$ 纳米材料在 0 V 以下便开始析氧，$WO_3 \cdot H_2O/PbO_2$ 复合电极材料的析氧活性介于 $WO_3 \cdot H_2O$ 纳米材料与 PbO_2 之间；当 P_W = 1.71 at.% 时，复合电极材料的初始析氧电位为 1.8 V 左右，与纯 PbO_2 相比，初始析氧电位发生负移，大约降低了近 100 mV；随着 $WO_3 \cdot H_2O$ 纳米片含量的增加，复合材料的析氧活性也随之增加，初始析氧电位继续负移；当 P_W = 5.65 at.% 时，复合材料的初始析氧电位大约为 1.7 V，相对 PbO_2 而言，降低了近 200 mV，并且 $PbSO_4 \rightarrow PbO_2$ 的反应峰位也由 1.7 V 降低到 1.5 V。

当 $WO_3 \cdot H_2O$ 纳米片同 PbO_2 结合后，二者之间存在着电子交换，$WO_3 \cdot H_2O$ 纳米片对氧析出反应起到了助催化作用，所以氧的析出速度得到了提高。导致复合电极析氧活性提高的原因，除引入了 $WO_3 \cdot H_2O$ 纳米片外，复合电极的表面孔隙率和比表面积的增加也是一个重要的原因。

5.6 $WO_3 \cdot H_2O/PbO_2$ 复合电极材料赝电容性能的研究

图 5-13 为 PbO_2、$WO_3 \cdot H_2O/PbO_2$ 和 $WO_3 \cdot H_2O$ 纳米片三种电极材料在 1 mol/L H_2SO_4 溶液中，扫速为 25 mV/s 时的 CV 曲线图。

图 5-13A 为 PbO_2 的循环伏安曲线扫描图，由该图可知，PbO_2 的 CV 曲线出现了一对氧化还原峰，可能属于 β-$PbO_2 \leftrightarrow PbSO_4$ 氧化还原反应[20]，其电化学窗口为 2.5 V 左右。

图 5-13C 为 $WO_3 \cdot H_2O$ 的 CV 曲线，该曲线近似于一个矩形，电化学窗口为 0.7 V 左右，并且呈现良好的对称性；在扫描过程中，在 -0.3 V 左右，阳极和阴极出现较低的氧化还原峰，可能是属于 $W^{4+} \leftrightarrow W^{5+}$ 之间的氧化还原反应，说明 WO_3 以赝电容的形式充放电，其充放电机理如反应方程（5-7）所示。

$$2WO_3 + 2H^+ + 2e^- \underset{charge}{\overset{discharge}{\rightleftharpoons}} W_2O_5 + H_2O \quad (5-7)$$

图 5-13B 为 $WO_3 \cdot H_2O/PbO_2$ 复合电极材料的 CV 曲线图。该 CV 曲线具有良好的对称性，在 1.5 V 左右出现一对较低的氧化还原峰，可能属于 β-$PbO_2 \leftrightarrow PbSO_4$ 氧化还原反应；在 0 ~ -0.5 V 之间出现一对氧化还原峰，该对氧化还原峰可能属于反应（5-8），该可逆反应使 $WO_3 \cdot H_2O/PbO_2$ 复合电极材料具有良好的赝电容性能；0 ~ 2 V 范围内没有出现明显的反应峰，呈现近似矩形的曲线，此时溶液中的正负离子在电场的作用下，在复合电极材料表

面形成了双电层电容。

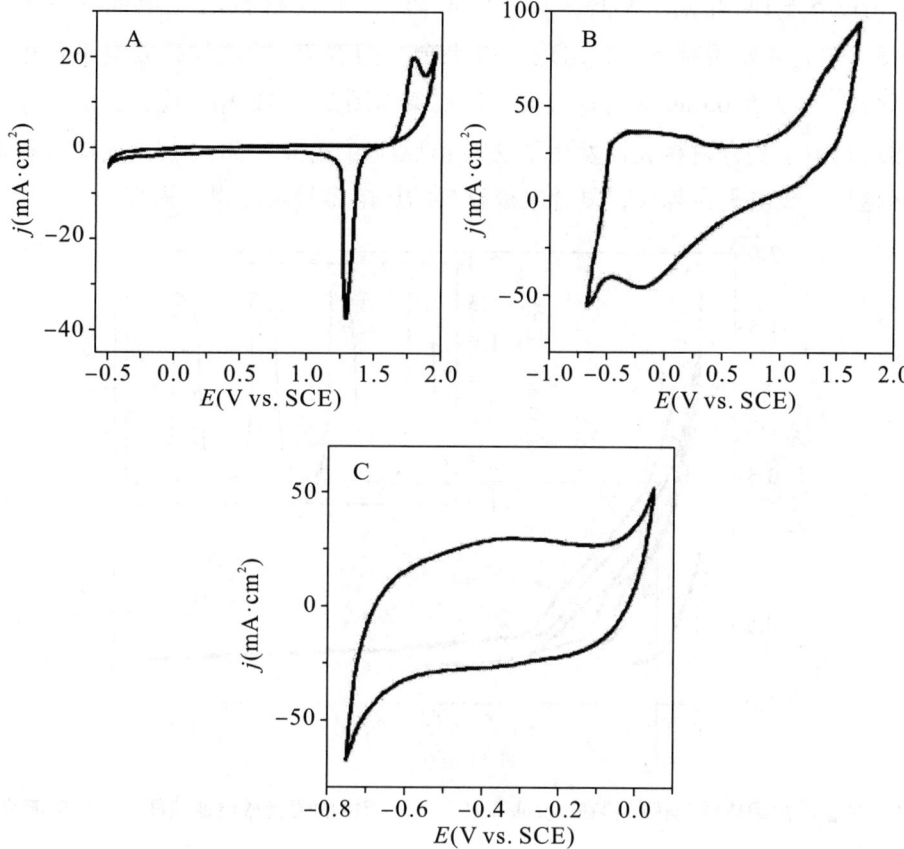

图 5-13　三种电极材料在 1 mol/L H_2SO_4 溶液中的循环伏安曲线，扫速为 25 mV/s
　　　A—PbO_2　B—$WO_3 \cdot H_2O/PbO_2$　C—纳米 $WO_3 \cdot H_2O$

$$2WO_3 \cdot H_2O + 2H^+ + 2e^- \underset{\text{charge}}{\overset{\text{discharge}}{\rightleftharpoons}} W_2O_5] + 2H_2O \qquad (5-8)$$

图 5-14 为不同组成的 $WO_3 \cdot H_2O/PbO_2$ 复合电极材料、nano-WO_3 以及 PbO_2 在 1 mol/L H_2SO_4 溶液中的放电曲线图。根据公式 (5-9) 和图 5-14，计算出各电极材料的比电容值，其数据如表 5-3 所示。

$$C_g = \frac{I \cdot t}{\Delta E \cdot m} \qquad (5-9)$$

式中，C_g 为比电容值；
　　　I 为放电电流；
　　　t 为放电时间；
　　　ΔE 为电势差；

m 为活性物质质量（10 mg）。

由图 5-14 可见，$WO_3 \cdot H_2O/PbO_2$ 复合电极材料的充电曲线在 0~ -0.5 V 左右开始缓慢下降，出现放电平台，随着 P_W 的增加，放电平台也随着延长，P_W 为 5.65 at.% 时达最大。该现象与图 5-13B 相对应，充放电平台的出现是由于复合材料表面发生了法拉第反应［式（5-8）］。该反应进行的时间越长，放电平台越长，复合电极材料的放电容量随之得以提高。

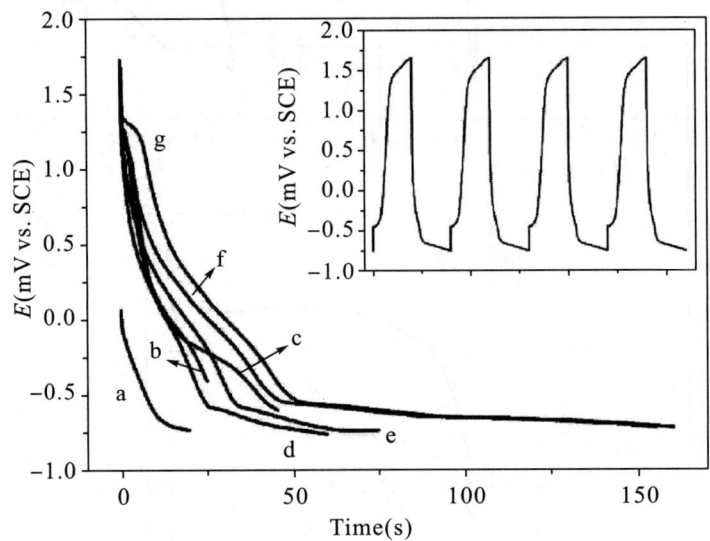

图 5-14 不同组成的电极材料在 1 mol/L H_2SO_4 溶液中的恒流放电曲线图，放电电流为 50 mA/cm^2

a—PbO_2（P_W=0 at.%） b—nano-WO_3 c—$WO_3 \cdot H_2O/PbO_2$（P_W=1.71 at.%）
d—$WO_3 \cdot H_2O/PbO_2$（P_W=2.74 at.%） e—$WO_3 \cdot H_2O/PbO_2$（P_W=3.67 at.%）
f—$WO_3 \cdot H_2O/PbO_2$（P_W=5.26 at.%） g—$WO_3 \cdot H_2O/PbO_2$（P_W=5.65 at.%）.

表 5-3 不同组成的电极材料在 1 mol/L H_2SO_4 溶液中的比电容值（放电电流 50 mA/cm^2）

材料	P_W（at.%）	P_{Pb}（at.%）	W:Pb	C_g（F/g）
PbO_2	0	33.33	0:1	54
$WO_3 \cdot H_2O$	25	~	~	125
$WO_3 \cdot H_2O/PbO_2$	1.71	34.26	0.05:1	104
	2.74	33.87	0.08:1	127
	3.67	33.25	0.11:1	155
	5.26	32.48	0.16:1	300
	5.65	31.69	0.18:1	320

由图 5-14 和表 5-3 可知，PbO_2 电极材料在 1 mol/L H_2SO_4 介质中的比电容值仅为 54 F/g，$WO_3 \cdot H_2O$ 的比电容值为 125 F/g；将 $WO_3 \cdot H_2O$ 掺杂进入 PbO_2 镀层形成复合物后，其电化学窗口约为 2.4 V；同时，复合物的比电容值较 PbO_2 大大提高，并且随着 $WO_3 \cdot H_2O$ 掺杂量（P_W）的增大而增大。复合物比电容值与 W、Pb 两种元素含量的关系，如图 5-15 所示。当 W∶Pb 为 0.11 时，复合物的比电容值约为 155 F/g，大约是 PbO_2 电极材料的 3 倍，比 $WO_3 \cdot H_2O$ 的比电容值高 30 F/g 左右；随着 W 含量的继续提高，当 W 的掺杂量达到最大，即 W∶Pb 为 0.18 时，该复合物的比电容值可达 320 F/g，比 $WO_3 \cdot H_2O$ 的比电容值高 200 F/g 左右。

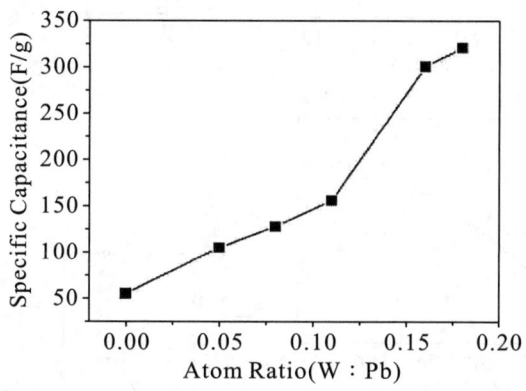

图 5-15　不同组成的复合电极材料在 1 mol/L H_2SO_4 溶液中的比电容值与 W∶Pb 的关系图

图 5-14 内的插图为含有 5.65 at.% W 的 $WO_3 \cdot H_2O/PbO_2$ 复合物，在 1 mol/L H_2SO_4 中，电流为 50 mA/cm^2 时的充放电曲线图。由该图可知，该 WO_3/PbO_2 复合物的多次充放电循环曲线几乎稳定不变，在 0～-0.5 V 范围内出现充电平台和放电平台，与图 5-13B 所示氧化还原峰位相符。

$WO_3 \cdot H_2O/PbO_2$ 复合电极材料良好的赝电容性能可能由两方面原因产生：一方面是复合电极材料的多孔性和较大的比表面积，另一方面原因则是 PbO_2 与 WO_3 之间的电子协同效应。相对于平面电极，$WO_3 \cdot H_2O/PbO_2$ 复合电极材料则属于准三维电极，介质可以通过空洞渗透进入材料内部，进行反应，这使得溶液中的离子传输距离几乎可以忽略，介质扩散的限制被极大地削减了；同时，虽然复合电极材料的表面是 PbO_2，掺杂的 $WO_3 \cdot H_2O$ 处在内部，但是由于 PbO_2 具有良好的导电性能，当表面的 PbO_2 与介质发生反应的时候，体相的 $WO_3 \cdot H_2O$ 可在瞬时与 PbO_2 发生电子交换，进而发生法拉第反应，进行能量的存储和释放。

图5-16A为WO$_3$·H$_2$O/PbO$_2$复合电极材料［P_W =11.54 at.%］在开路电位下（vs. SCE）1 mol/L H$_2$SO$_4$溶液中，干扰电压为10 mV时，在100 kHz~10 mHz频率区间内的阻抗谱图。数据拟合后，得其等效电路如图5-16D所示，各个等效元件值如表5-3所示。图5-16B、C为不同频率区间的放大图。

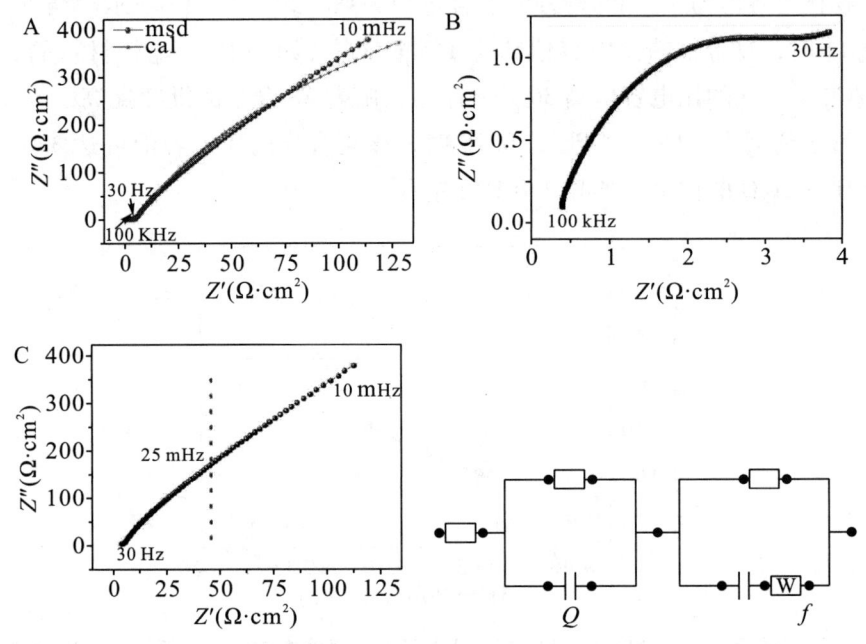

图5-16 谱图和等效电路

A—WO$_3$·H$_2$O/PbO$_2$复合电极材料（P_W =11.54 at.%）在1 mol/L H$_2$SO$_4$溶液中0.01V的EIS谱图 B—100 kHz~30 Hz区间的EIS放大图 C—30 Hz~10 mHz区间的EIS放大图 D—等效电路

表5-4 在WO$_3$·H$_2$O/PbO$_2$复合电极等效电路中各部分的模拟值

R_s（Ω）	R_{f1}（Ω）	Q_{dl}（μF/cm^2）	N_1	R_{f2}（kΩ）	Q_φ（μF/cm^2）	$f(w)$（mΩ/s）	N_2	χ^2
0.29	4.10	3.23	0.588	2.04	33.0	285	0.933	0.174

R_s：内阻；R_{f1}：法拉第泄漏电阻；R_{f2}：法拉第反应电阻；$f(w)$：扩散电阻；Q_{dl}：双内层电容；Q_φ：赝电容

如图5-16B所示，根据EIS曲线与实轴的截距，可知该复合材料的内阻R_s约为0.38 Ω，说明该材料在酸性介质中的导电性良好。该复合电极材料的EIS曲线在高频区100 kHz~30 Hz区间内，出现一个较小的半圆，这一过程主要受传荷控制，电子从溶液传递到电极表面形成双电层。如图 5-16C 所示，低频区 30 Hz~25 mHz 区间内，出现一个不完整的、半径较大的半圆，这是在电极表面发生的法拉第反应产生赝电容引起的，这一过程中电荷的传递可能包括以下三种：溶液和 PbO_2 之间发生电荷传递、溶液和纳米 $WO_3 \cdot H_2O$ 之间发生电荷传递、PbO_2 和纳米 $WO_3 \cdot H_2O$ 之间发生电荷传递。以上结果表明，该复合材料表面会发生两类电荷传递：一类是电荷传递到电极表面发生吸附产生双电层电容；另一类为电荷传递到电极表面后，电极上发生法拉第反应，产生赝电容。在低频区 25 mHz~10 mHz 区间内，出现一条 45°斜线，该过程主要受传质控制。此外，再次证明 $WO_3 \cdot H_2O/PbO_2$ 复合电极材料具有多孔性，所以电解质不仅仅传递到电极表面，而且会进入复合材料的空隙里。

5.7 混合超级电容器的组装及性能测试

在 1 mol/L H_2SO_4 溶液中，以 1 cm×1 cm 的 AC 电极为负极，以 1 cm×1 cm 的 $WO_3 \cdot H_2O/PbO_2$ 复合电极（P_W =11.54 at.%）为正极，中间加离子交换膜，组装混合超级电容器，正负极有效物质总质量 m = 0.017 g。混合超级电容器的实物图如图 5-17 所示。

图 5-17 混合超级电容器的示意图

对混合超级电容器进行循环伏安测试，采用二电极体系测试，结果如图 5-18。利用循环伏安法来研究混合超级电容器的能量存储特性，根据图 5-18 的循环伏安曲线可知，在 0~1 V 电压范围内充电电流较小；当电压大于 1.5 V 时，充电电流急剧上升；电压接近 2 V 时，电解液中的水易被分解；当电压从 1.65 V 开始下降时，放电电流渐渐增大。因此，根据图 5-18 的数据，最终应严格限制电压，使其达到或者低于 1.6 V。

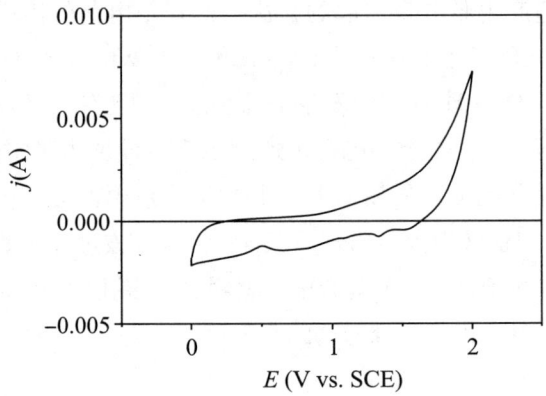

图 5-18 混合超级电容器在 1 mol/L H_2SO_4 溶液中的循环伏安曲线图，扫速为 10 mV/s

图 5-19 为混合超级电容器在 1 mol/L H_2SO_4 溶液中的恒流充放电曲线图，放电电流为 5 mA/cm^2，电压范围为 0~1.68 V。根据图 5-19 可知，放电曲线由一个拐点分为两部分，拐点电压为 1.5 V。因为电极极化和电容器存在欧姆内阻的原因，第一部分放电曲线急剧下降。第二部分是电容器的容量部分，电压和时间基本线性相关，其电容量的贡献来自正极的赝电容和负极的双电层电容。$WO_3 \cdot H_2O/PbO_2$ 复合正极上电荷传递表面后，电极上发生法拉第反应因而产生赝电容；溶液中的电荷传递并吸附到 AC 电极表面，使的负极主要贡献了双电层电容。

由图 5-19 和公式（5-9）计算得出混合超级电容器的比容量值为 69.6 F/g。

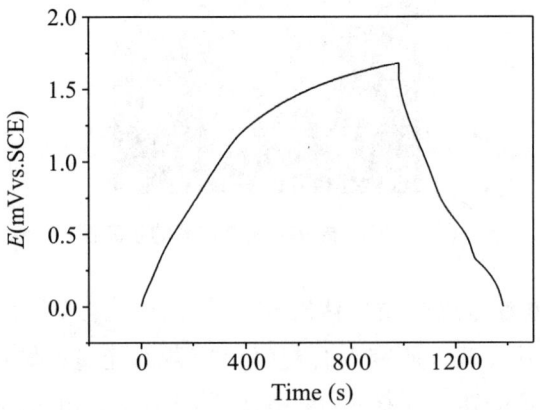

图 5-19 混合超级电容器在 1 mol/L H_2SO_4 溶液中的恒流充放电曲线图，放电电流为 5 mA/cm^2

图 5-20 为混合超级电容器在 1 mol/L H_2SO_4 溶液中的 3 圈恒流充放电曲线图，放电电流为 5 mA/cm^2，电压范围为 0～1.68 V。由图 5-20 看出，混合超级电容器的恒流充放电曲线基本稳定，由图 5-21 及公式 (5-9) 计算比电容值，经过 3 次恒流充放电测试后，材料由最初的 69.9 F/g 下降为 60.3 F/g，其比电容值为原来的 86%，该混合超级电容器基本可行。

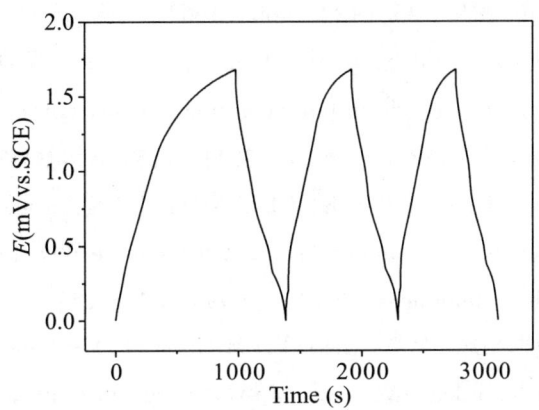

图 5-20　混合超级电容器在 1 mol/L H_2SO_4 溶液中的 3 圈恒流充放电曲线图，放电电流为 5 mA/cm^2

WO_3/PbO_2 复合电极材料是由 $WO_3 \cdot H_2O$ 与 β-PbO_2 所组成的复合物。同未掺杂纳米 $WO_3 \cdot H_2O$ 的 PbO_2 电极相比，复合电极材料的晶体颗粒小、孔隙率高，具有准三维多孔特性，因而其比表面积增加，其有效电化学面积比最高可达 57。复合电极材料的起始析氧电位表明，掺杂 $WO_3 \cdot H_2O$ 纳米片的 PbO_2 基复合电极对氧析出反应有更高的催化活性。并且随着 $WO_3 \cdot H_2O$ 含量的增加，初始析氧电位负移幅度随之增大，其起始析氧电位最大可降低约 200 mV。高电化学有效面积以及 $WO_3 \cdot H_2O$ 纳米片与 PbO_2 之间的协同作用，促使 WO_3/PbO_2 复合电极材料在酸性水溶液超级电容器中具有优良的赝电容性能，其比电容值最高可达 320 F/g。$WO_3 \cdot H_2O/PbO_2$ 复合材料大的电化学有效面积及材料内部纳米 $WO_3 \cdot H_2O$ 粒子与 PbO_2 之间的协同效应，促使了 $WO_3 \cdot H_2O/PbO_2$ 复合材料在硫酸溶液混合超级电容器中有效物质充分的利用，充放电测得的其比电容值为 69.9 F/g。这将大大提高 PbO_2 基超级电容器材料的性能，同时拓展应用领域。

参考文献

[1] SU X T, LI Y N, JIAN J K, et al. In situ etching WO_3 nanoplates: hydrothermal synthesis, photoluminescence and gas sensor properties [J]. Materials Research Bulletin, 2010, 45 (12): 960 – 1963.

[2] HONG K, KIM K, KIM S, et al. Optical properties of WO_3/Ag/WO_3 multilayer as transparent cathode in top – emitting organic light emitting diodes [J]. The Journal of Physical Chemistry C, 2011, 115 (8): 3453 – 3459.

[3] VEMURI R S, BHARATHI K K, GULLAPALLI S K, et al. Effect of structure and size on the electrical properties of nanocrystalline WO_3 films [J]. ACS Applied Materials & Interfaces, 2010, 2 (9): 2623 – 2628.

[4] HAYAT K., GONDAL M A, KHALED M M, et al. Laser induced photocatalytic degradation of hazardous dye (Safranin-O) using self synthesized nanocrystalline WO_3 [J]. Journal of Hazardous Materials, 2011, 186 (2/3): 1226 – 1233.

[5] SASAKI Y, NEMOTO H, SAITO K, et al. Solar water splitting using powdered photocatalysts driven by Z – schematic interparticle electron transfer without an electron mediator [J]. The Journal of Physical Chemistry C, 2009, 113 (40): 17536 – 17542.

[6] ZHU J H, JIANG J, LIU J P, et al. Direct synthesis of porous NiO nanowall arrays on conductive substrates for supercapacitor application [J]. Journal of Solid State Chemistry, 2011, 184 (3): 578 – 583.

[7] LI Y H, HUANG K L, LIU S Q, et al. Meso – macroporous Co_3O_4 electrode prepared by polystyrene spheres and carbowax templates for supercapacitors [J]. Journal of Solid State Electrochemistry, 2011, 15 (1): 587 – 592.

[8] ATAHERIAN F, WU N LIH. Long-Term charge/discharge cycling stability of MnO_2 aqueous supercapacitor under positive polarization [J]. Journal of The Electrochemical Society, 2011, 158 (4): A422-A427.

[9] YOON S, KANG E, KIM J K, et al. Development of high – performance supercapacitor electrodes using novel ordered mesoporous tungsten oxide materials with high electrical conductivity [J]. Chemical Communications, 2011, 47 (3): 1021 – 1023.

[10] HUANG C C, XING W, ZHUO S P. Capacitive performances of amorphous tungsten oxide prepared by microwave irradiation [J]. Scripta Materialia, 2009, 61 (10): 985-987.

[11] WANG Y, YAO K L, LIU Z L. Novel nonlinear current-voltage characteristics of sintered tungsten oxide [J]. Journal of Materials Science Letters, 2001, 20 (1): 1741-1743.

[12] GUGLIELMI N. Kinetics of the deposition of inert particles from electrolytic baths. Journal of the Electrochemical Society [J]. 1972, 119 (1): 1009-1012.

[13] LEVINE S, SMITH A L. Theory of the differential capacity of the oxide/aqueous electrolyte interface [J]. Discussions of the Faraday Society, 1971, 52 (1): 290-301.

[14] KIM K S, O'LEARY T J, WINOGRAD N. X-ray photoelectron spectra of lead oxides [J]. Analytical Chemistry, 1973, 45 (13): 2214-2218.

[15] OHNO Y. Electronic structure of the misfit-layer compounds $PbTiS_3$ and $SnNbS_3$ [J]. Physical Review B, 1991, 44 (3): 1281-1291.

[16] MORALES J, PETKOVA G, CRUZ M, et al. Synthesis and characterization of lead dioxide active material for lead-acid batteries [J]. Journal of Power Sources, 2006, 158 (2): 831-836.

[17] KATRIB A, HEMMING F, WEHRER P, el at. The multi-surface structure and catalytic properties of partially reduced WO_3, WO_2 and $WC+O_2$ or $W+O_2$ as characterized by XPS [J]. Journal of Electron Spectroscopy and Related Phenomena. 1995, 76 (29): 195-200.

[18] FLEISCH T H, ZAIAC G W, SCHREINER J O, el at. An XPS study of the UV photoreduction of transition and noble metal oxides [J]. Applied Surface Science, 1986, 26 (4): 488-497.

[19] SHEN Y, CHEN X, WANG W, el at. Complexing surfactants-mediated hydrothermal synthesis of WO_3 microspheres for gas sensing applications [J]. Materials Letters, 2016, 163 (15): 150-153.

[20] HRUSSANOVA A, MIRKOVA L, DOBREV TS. Anodic behaviour of the Pb-Co_3O_4 composite coating in copper electrowinning [J]. Hydrometallurgy, 2001, 60 (3): 199-213.

第 6 章 SnO_2/PbO_2 复合电极材料的制备及其电化学性能研究

6.1 引言

二氧化锡（SnO_2）是一种 N 型宽禁带半导体材料（$E_g = 3.5$ eV），其晶体结构为金红石型，空间群为 $P42/mnm$，具有正方晶系对称；其体积密度为 6.38~6.58 g/cm^3，室温下电阻率为 93 $\Omega \cdot cm$。SnO_2 具有低廉的价格和独特的物理化学性质，是一种应用领域广泛的功能材料[1]，例如，它优良的气敏性质可使其成为良好的传感器材料[2]。SnO_2 在酸性溶液中具有稳定的化学性质，并且具有很高的析氧电位，所以常作为阳极材料用于废水处理。Kötz 等[3]发现 SnO_2 对苯酚的去除率比 PbO_2 和 Pt 电极高，Martínez-Huitle 等[4]曾制备 Ti/SnO_2 电极材料用于处理蚁酸。同时，SnO_2 具有良好的赝电容性能，Selvan 等[5]制备的六边形 SnO_2 晶体和 SnO_2@C 复合材料都具有良好的电容性质，在硫酸溶液中，扫速为 5 mV/s 时，SnO_2@C 复合材料的比电容值大约为 37.8 F/g。Lu 等[6]制备的 Graphene-SnO_2 薄膜电极材料具有良好的循环寿命。

SnO_2 与 PbO_2 具有相同的晶格结构，二者形成的复合物具有良好的化学稳定性，PbO_2 良好的导电性质可以克服 SnO_2 的高电阻率带来的影响，同时分散在 PbO_2 基质中的纳米 SnO_2 会使 PbO_2 具有良好的催化和电容特性。

利用电化学复合共沉积法，将稳定悬浮在镀液中的 nano-SnO_2 粒子与 Pb^{2+} 共同沉积在 Ti 基体表面，从而制备出 SnO_2/PbO_2 复合材料。通过线性扫描测试对复合物的析氧活性进行研究；并且通过循环伏安扫描（CV）、电化学阻抗（EIS）和充放电等电化学测试，得到了该复合材料在酸性介质中的比电容值，从而初步了解了该复合物在酸性水溶液电容器中的赝电容行为及其充放电机理，为该复合物在超级电容器中的应用奠定了基础。

6.2 SnO_2/PbO_2复合电极材料的制备

电极制备采用三电极单室的电解槽,将 1 cm×1 cm Ti/SnO_2-Sb_2O_5 作为阳极基体(制备方法如第 2 章所述),2 cm×2 cm Ti/RuO_2-TiO_2-SnO_2 电极为辅助电极,222 型饱和甘汞电极(SCE)为参比电极。配制含有 20% 丙酮的 100 mL 0.1 mol/L Pb(NO_3)$_2$ 溶液,调节溶液 pH 值至 3~4,放入适量 SnO_2 纳米粒子,超声搅拌 5 min,至粒子完全稳定悬浮后,将溶液移入电解槽中进行恒电位电镀(8511B 型恒电位仪),沉积电位为 1.4 V,沉积时间为 2 h,沉积过程中持续向电解槽中鼓泡。制备完成后,将所制备的电极用超纯水冲洗多次,待用。

6.3 SnO_2/PbO_2复合电极的结构、组成与形貌分析

图 6-1 为 nano-SnO_2 粒子、SnO_2/PbO_2 复合电极和 PbO_2 电极表面镀层的 XRD 分析。如图 6-1C 所示,对照标准卡 JCPDS Card 41-1445 可知,nano-SnO_2 粒子为四方金红石相,且由 TEM 图片分析可知,该纳米 SnO_2 为 5~8 nm 的四方纳米粒子(图 6-2A)。对照标准卡 JCPDS Card 41-1492 可知,在相同条件下制备的未掺杂 nano-SnO_2 粒子的 PbO_2 为 β-PbO_2(图 6-1A)。而图 6-1B 则为 SnO_2/PbO_2 复合物的 XRD 分析。由图 6-1B 与 A、C 的对比可知,在 25.69°、31.91°、49.27°、59.06°、60.67°、62.69°、67.25° 及 74.45° 处出现的衍射峰属于 β-PbO_2;而在 25.69°、33.31°、36.52°、38.49°、52.48°、56.47° 及 56.89° 处出现的衍射峰属于金红石相 SnO_2。由此可知,该复合电极材料是由金红石相 SnO_2 与 β-PbO_2 所组成的复合物。

通过调节镀液中 SnO_2 纳米粒子的浓度(C)制备出不同组成的 SnO_2/PbO_2 复合物,XPS 对各电极中 Pb、Sn 两种元素含量的分析结果如表 6-1 所示。随着镀液中 nano-SnO_2 粒子含量(C)的增大,镀层中 Sn 元素的含量(P_{Sn})也随之增大,当 C 为 10 mmol/L 时,镀层中的 Sn 元素的量达到最大(10.72 at.%),这一结果与 Guglielmi 模型[7]相符合。

图 6-2 C~D 为不同组成复合电极的 SEM 照片,由于 PbO_2 与 SnO_2 都属于四方金红石相,二者晶格参数相近,所以二者在复合沉积的时候结合紧密。由图 6-2C 发现,PbO_2 晶体块平均粒径大小为 5 μm 左右,层层堆积生长,表

面十分致密;由图6-2D、E、F、G发现,当PbO_2晶体中裹挟SnO_2纳米粒子后,随着SnO_2纳米粒子掺杂的量(P_{Sn})的增大,形成的复合物晶体颗粒逐渐减小,其大小从5 μm左右变为几百纳米,同时单位面积上晶簇的数量也随之增多,比表面积也会有所增大。

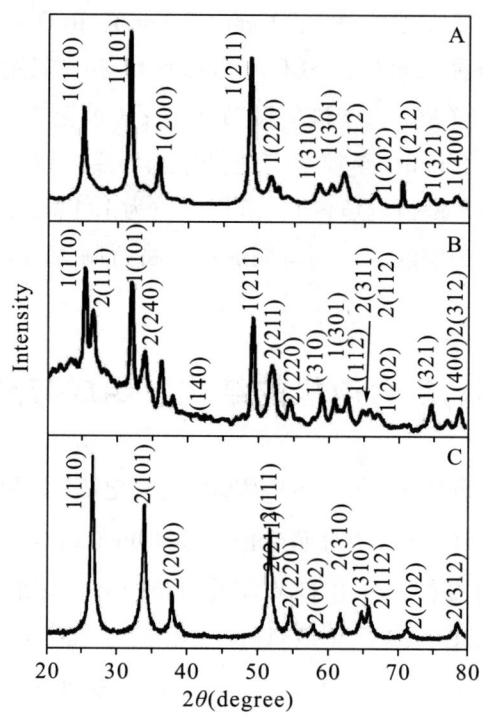

图6-1 XRD谱图

A—PbO_2电极材料 B—SnO_2/PbO_2复合电极材料 C—纳米SnO_2

1—$\beta\text{-}PbO_2$ 2—SnO_2

表6-1 不同SnO_2/PbO_2复合材料的组成成分

Materials	C (mmol/L)	P_{Sn} (at.%)	P_{Pb} (at.%)	Sn:Pb	C_{dl} (μF/cm^2)	R_F
PbO_2	0	0	33.33	0:1	69.4	1.15
SnO_2/PbO_2	1	3.17	27.82	0.11:1	180.6	3.01
	3	5.71	27.22	0.21:1	225.3	3.75
	5	9.31	26.31	0.35:1	406.4	6.77
	7	10.07	25.65	0.39:1	603.5	10.06
	10	10.72	24.58	0.43:1	654.7	10.91

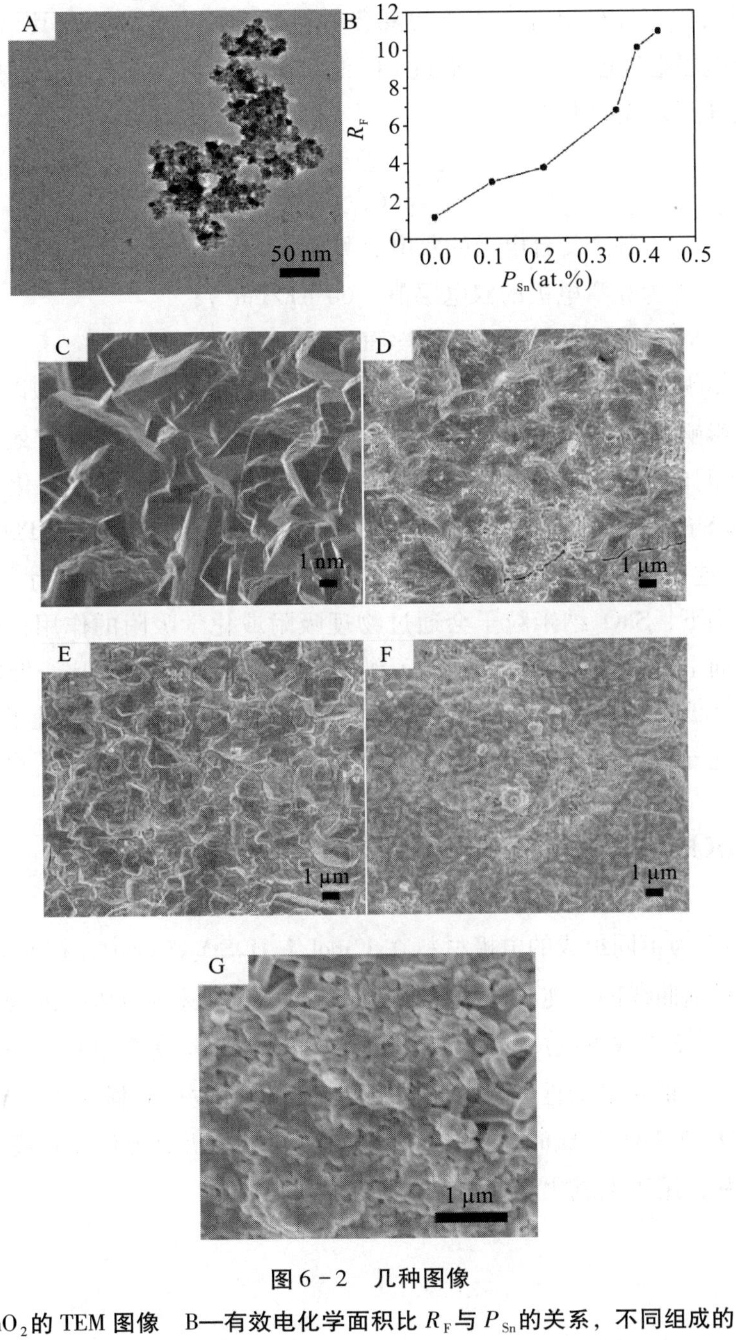

图 6-2 几种图像

A—纳米 SnO_2 的 TEM 图像 B—有效电化学面积比 R_F 与 P_{Sn} 的关系，不同组成的 SnO_2/PbO_2 材料的 SEM 图像 C—P_{Sn} = 0 at.% D—P_{Sn} = 3.17 at.% E—P_{Sn} = 5.71 at.% F—P_{Sn} = 10.72 at.% G—为局部放大 SEM 图像

为进一步研究 SnO_2 纳米粒子的掺杂对复合电极比表面积的影响，我们采

用双电层电容[8]计算出各个组成的复合材料的有效电化学面积比（R_F），各电极的双电层电容值（C'_{dl}）均通过 EIS 测试分析得到，其分析结果如表 6-1 所示。其计算公式如下：

$$R_F = \frac{C'_{dl}}{C^0_{dl}} \tag{6-1}$$

式中，C'_{dl} 为各个复合电极的双电层测量值；

C^0_{dl} 为光滑电极的双电层值（60 μF/cm^2）；

R_F 为电极表面有效电化学面积比。

以上结果揭示，SnO_2 纳米粒子的掺杂对 PbO_2 电极的比表面积以及晶粒的大小均有影响。图 6-2B 为复合镀层中 Sn 元素的含量 P_{Sn} 与其有效电化学面积比 R_F 之间的关系，其结果表明，复合电极材料表面的有效电化学面积比（R_F），随 SnO_2 纳米粒子掺杂量的增大而增大，最大约可达到纯 PbO_2 电极材的 10 倍。这一现象的原因可能是，由于 SnO_2 纳米粒子的 ζ 电位为 -4.56 eV，在电场作用下，SnO_2 纳米粒子会通过物理吸附或化学吸附的作用，优先吸附在基体表面上。所以，同未掺杂 SnO_2 纳米粒子的 PbO_2 电极相比，PbO_2 晶粒的生长速度降低，而晶核的生长速度增加，即生长速度下降，而加速了新晶核的形成，因此导致复合电极的晶体颗粒的粒径减小，比表面积也随着增大。

6.4　SnO_2/PbO_2 复合电极材料析氧性能的研究

图 6-3 为不同组成的电极材料在 1 mol/L H_2SO_4 溶液中，扫速为 1 mV/s 时的线性扫描曲线图。纯 PbO_2 电极材料和 SnO_2 纳米材料的初始析氧电位，均在为 1.9 V ~ 2.0 V 左右，二者所形成的 SnO_2/PbO_2 复合电极材料（P_{Sn} = 10.72 at.%）的析氧活性与二者相同，初始析氧电位也同样在 1.9 V ~ 2.0 V 之间，PbO_2 与 SnO_2 形成的复合材料在酸性溶液中的析氧电位比较高，适合作为阳极材料，用于电氧化法处理有机废水[9]。

第6章 SnO₂/PbO₂复合电极材料的制备及其电化学性能研究

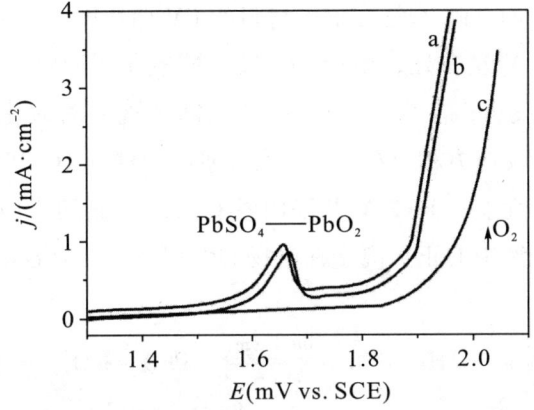

图6-3 各不同组成电极材料在1 mol/L H₂SO₄溶液中的线性扫描图
a—PbO₂ b—SnO₂/PbO₂复合材料（P_{Sn} = 10.72at.%） c—nano-SnO₂

6.5 SnO₂/PbO₂复合电极材料赝电容性能的研究

图6-4为PbO₂、SnO₂/PbO₂和nano-SnO₂三种电极材料在1 mol/L H₂SO₄溶液中，扫速为25 mV/s时的CV曲线图。

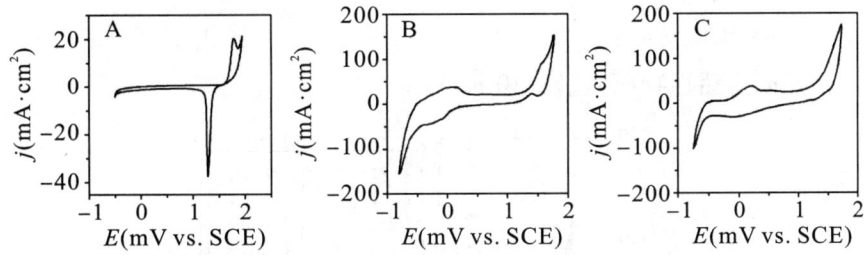

图6-4 不同电极材料在1 mol/L H₂SO₄溶液中的循环伏安曲线，扫速为25 mV/s
A—PbO₂ B—SnO₂/PbO₂ C—纳米SnO₂

图6-4A为PbO₂的循环伏安曲线扫描图，由该图可知，PbO₂的CV曲线出现了一对氧化还原峰，可能属于β-PbO₂↔PbSO₄氧化还原反应[10]，其电化学窗口为2.5 V左右。图6-4C为SnO₂的CV曲线，该曲线近似于一个矩形，电化学窗口约为2.5 V左右，并且呈现良好的对称性；在0.5～-0.5 V之间出现一对较低的氧化还原峰，说明SnO₂以赝电容的形式充放电，其充放电机理如反应方程（6-2）所示。

$$SnO_2 + 2H^+ + 2e^- \underset{charge}{\overset{discharge}{\rightleftharpoons}} SnO + H_2O \quad (6-2)$$

图6-4B为SnO_2/PbO_2复合电极材料的CV曲线图,该CV曲线具有较好的对称性。在1.5 V左右处,出现一对较低的氧化还原峰,可能属于$\beta\text{-}PbO_2$↔$PbSO_4$氧化还原反应;在0.5~-0.5 V之间出现一对氧化还原峰,该对氧化还原峰可能属于反应方程(6-3),该可逆反应使SnO_2/PbO_2复合电极材料具有良好的赝电容性能;0~2 V范围内没有出现明显的反应峰,呈现近似矩形的曲线,此时溶液中的正负离子在电场的作用下,在复合电极材料表面形成了双电层电容。

$$[PbO_2\text{-}SnO_2] + 2H^+ + 2e^- \underset{charge}{\overset{discharge}{\rightleftharpoons}} [PbO_2\text{-}SnO] + H_2O \quad (6-3)$$

图6-5为不同组成的SnO_2/PbO_2复合电极材料、nano-SnO_2以及PbO_2在1 mol/L H_2SO_4溶液中的放电曲线图。根据公式(6-4)和图6-5,计算出各电极材料的比电容值,其数据如表6-2所示。

$$C_g = \frac{I \cdot t}{\Delta E \cdot m} \quad (6-4)$$

式中,C_g为比电容值;

I为放电电流;

t为放电时间;

ΔE为电势差;

m为活性物质质量(10 mg)。

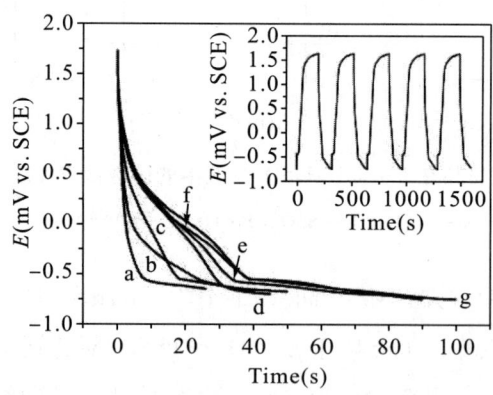

图6-5 不同组成的电极材料在1 mol/L H_2SO_4溶液中的恒流放电曲线图,放电电流为
50 mA/cm²;插图为SnO_2/PbO_2(P_{Sn}=10.72 at.%)复合材料的充放电曲线图
a—PbO_2(P_{Sn}=0 at.%) b—nano-SnO_2 c—SnO_2/PbO_2(P_{Sn}=3.17 at.%)
d—SnO_2/PbO_2(P_{Sn}=5.71 at.%) e—SnO_2/PbO_2(P_{Sn}=9.31 at.%)
f—SnO_2/PbO_2(P_{Sn}=10.07 at.%) g—SnO_2/PbO_2(P_{Sn}=10.72 at.%).

由图 6-5 可见，SnO_2/PbO_2 复合电极材料的放电曲线在 0 ~ -0.5 V 开始缓慢下降，出现放电平台，随着 P_{Sn} 的增加，放电平台也随着延长，P_{Sn} 为 10.72 at.% 时达最大。该现象与图 6-4B 相对应，充放电平台的出现是由于复合电极材料表面发生了法拉第反应［方程（6-3）］。该反应进行的时间越长，放电平台越长，复合电极材料的放电容量随之得以提高。

由图 6-5 和表 6-2 可知，PbO_2 电极材料在 1 mol/L H_2SO_4 介质中的比电容值仅为 54 F/g，nano-SnO_2 的比电容值为 102 F/g；将 nano-SnO_2 掺杂进入 PbO_2 镀层形成复合物后，其电化学窗口约为 2.5 V；同时，复合物的比电容值较 PbO_2 大大提高，并且随着 nano-SnO_2 掺杂量（P_{Sn}）的增大而增大。复合物比电容值与 Sn、Pb 两种元素含量的关系，如图 6-6 所示。当 Sn∶Pb 为 0.21 时，复合物的比电容值约为 104 F/g，大约是 PbO_2 电极材料的 2 倍，与 nano-SnO_2 的比电容值相近；随着 Sn 含量的继续提高，当 Sn 的掺杂量达到最大，即 Sn∶Pb 为 0.43 时，该复合物的比电容值可达 208 F/g，比 nano-SnO_2 的比电容值高 100 F/g 左右。

表 6-2　不同组成的 SnO_2/PbO_2 电极材料在 1 mol/L H_2SO_4 溶液中的比电容值（放电电流 50 mA/cm^2）

Materials	P_{Sn}（at.%）	P_{Pb}（at.%）	Sn∶Pb	C_g（F/g）
PbO_2	0	33.33	0∶1	54
Nano-SnO_2	33.33	—	—	102
SnO_2/PbO_2	3.17	27.82	0.11∶1	83
	5.71	27.22	0.21∶1	104
	9.31	26.31	0.35∶1	167
	10.07	25.65	0.39∶1	188
	10.72	24.58	0.43∶1	208

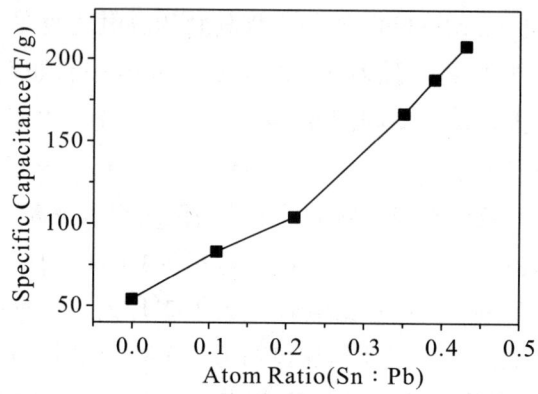

图6-6 不同组成的 SnO_2/PbO_2 复合电极材料在 1 mol/L H_2SO_4 溶液中的比电容值与 Sn:Pb 的关系图

图6-5 内的插图为含有 5.65 at.% Sn 的 SnO_2/PbO_2 复合物,在 1 mol/L H_2SO_4 中,电流为 50 mA/cm^2 时的充放电曲线图。由该图可知,该 SnO_2/PbO_2 复合物的多次充放电循环曲线几乎稳定不变,在 0.5~-0.5 V 范围内出现充电平台和放电平台,与图6-4B 所示氧化还原峰位相符。

SnO_2/PbO_2 复合电极材料良好的赝电容性能可能由两方面原因产生:一方面是复合电极材料的多孔性和较大的比表面积,另一方面原因则是 PbO_2 与 SnO_2 之间的电子协同效应。相对于平面电极,SnO_2/PbO_2 复合电极材料则属于准三维电极,介质可以通过空洞渗透进入材料内部,进行反应,这使得溶液中的离子传输距离几乎可以忽略,介质扩散的限制被极大地削减了;同时,虽然复合电极材料的表面是 PbO_2,掺杂的 nano-SnO_2 处在内部,但是由于 PbO_2 具有良好的导电性能,当表面的 PbO_2 与介质发生反应的时候,体相的 nano-SnO_2 可在瞬时与 PbO_2 发生电子交换,进而发生法拉第反应,进行能量的存储和释放。

为进一步研究该复合电极材料在 1 mol/L H_2SO_4 中的赝电容行为,在外电压 5 mV 时对 SnO_2/PbO_2 进行 EIS 测试分析,并根据 EIS 测试结果进行电路拟合分析,其结果如图6-7 所示。根据 EIS 曲线与实轴的截距,可知该复合材料的电解质溶液电阻 R_s 为 0.5 Ω,说明该复合材料在酸性介质中的导电性良好。该复合电极材料的 EIS 曲线在高频区出现一个较小的半圆,低频区出现一个不完整的半圆,高频区主要是受到传荷的控制,由双电层电容引起,而低频区的半圆则是由赝电容引起的。

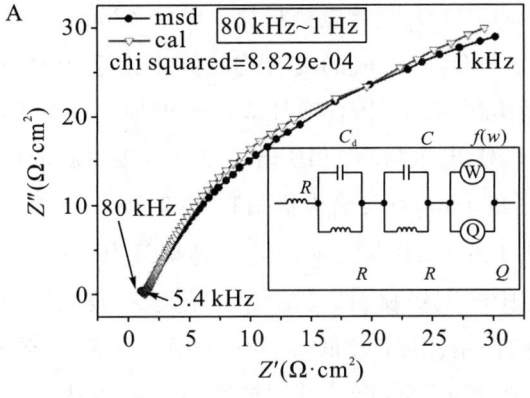

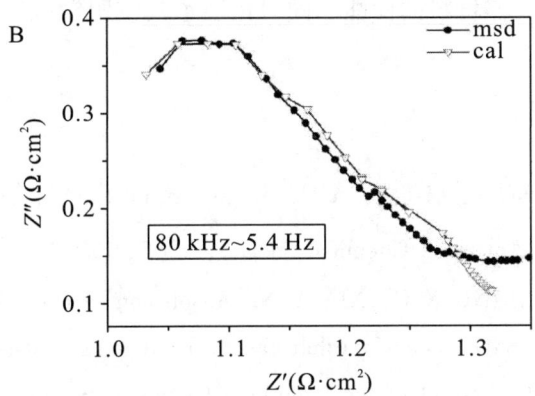

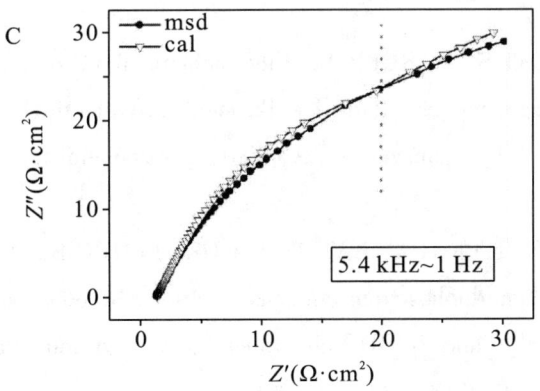

图 6-7　SnO_2/PbO_2 复合电极材料在 1 mol/L H_2SO_4 溶液中 0 V 时的 EIS 谱图

(A 图内插图为其等效电路图)

R_s：内阻；R_{F1}：法拉第泄漏电阻；R_{F2}：法拉第反应电阻；$f(w)$：扩散电阻；
C_{dl}：双内层电容；$C_φ$：赝电容

通过阳极复合共沉积法，将 SnO_2 纳米粒子与 PbO_2 共沉积，从而制备得到

不同组成的新型 SnO_2/PbO_2 复合电极材料。SnO_2/PbO_2 复合电极材料是由四方金红石相 SnO_2 与 $\beta\text{-}PbO_2$ 所组成的复合物。同未掺杂 SnO_2 的 PbO_2 电极相比,复合电极材料的晶体颗粒小,因而其比表面积增加,其有效电化学面积比可达10.91,大约是纯 PbO_2 电极材料的 10 倍。复合电极材料的起始析氧电位表明,掺杂 SnO_2 纳米粒子的 PbO_2 基复合电极材料与纯 SnO_2 和 PbO_2 的析氧活性相近,初始析氧电位都在 1.9~2.0 V 之间,是一种析氧电位较高的电极材料,适用于作为电氧化反应中的阳极材料。较高的电化学有效面积以及 SnO_2 纳米粒子与 PbO_2 之间的协同作用,促使 SnO_2/PbO_2 复合电极材料在酸性水溶液超级电容器中,具有优良的赝电容性能,其比电容值最高可达 208 F/g。这大大提高了 PbO_2 基超级电容器材料的性能,同时拓展了其应用领域。

参考文献

[1] DUAN J, YANG S, LIU H, et al. Single crystal SnO_2 zigzag nanobelts [J]. Journal of the American Chemical Society, 2005, 127 (17): 6180-6181.

[2] WANG Y L, JIANG X C, XIA Y N. A solution-phase, precursor route to polycrystalline SnO_2 nanowires that can be used for gas sensing under ambient conditions [J]. Journal of the American Chemical Society, 2003, 125 (4): 16176-16177.

[3] KÖTZ, STUCKI S, CARCER B. Electrochemical waste water treatment using high overvoltage anodes. Part Ⅰ: Physical and electrochemical properties of SnO_2 anodes [J]. Journal of Applied Electrochemistry, 1991, 21 (1): 14-20.

[4] MARTÍNEZ-HUITLE C A, BATTISTI A DE, FERRO S, et al. Removal of the pesticide Methamidophos from aqueous Solutions by electrooxidation using Pb/PbO_2, Ti/SnO_2, and Si/BDD electrodes [J]. Environmental Science & Technology, 2008, 42 (18): 6929-6935.

[5] SELVAN R K, PERELSHTEIN I, PERKAS N, et al. Synthesis of hexagonal-shaped SnO_2 nanocrystals and SnO_2@C nanocomposites for electrochemical redox supercapacitors [J]. The Journal of Physical Chemistry C, 2008, 112 (6): 1825-1830.

[6] LU T, ZHANG Y P, LI H B, et al. Electrochemical behaviors of grapheme-

ZnO and grapheme-SnO_2 composite films for supercapacitors [J]. Electrochimica Acta, 2010, 55 (13): 4170-4173.

[7] GUGLIELMI N. Kinetics of the deposition of inert particles from electrolytic baths [J]. Journal of the Electrochemical Society, 1972, 119 (8): 1009-1012.

[8] LEVINE S, SMITH A L. Theory of the differential capacity of the oxide/aqueous electrolyte interface [J]. Discussions of the Faraday Society, 1971, 52 (1): 290-301.

[9] ZHAO G H, CUI X, LIU M C, et al. Electrochemical degradation of refractory pollutant using a novelmicrostructured TiO_2 nanotubes/Sb-doped SnO_2 electrode [J]. Environmental Science & Technology, 2009, 43 (5): 1480-1486.

[10] HRUSSANOVA A, MIRKOVA L, DOBREV T S. Anodic behaviour of the Pb-Co_3O_4 composite coating in copper electrowinning [J]. Hydrometallurgy, 2001, 60 (3): 199-213.

第7章 Mn_3O_4/PbO_2 复合电极材料的制备及其电化学性能研究

7.1 引言

随着社会经济的快速发展，资源和能源日渐短缺，生态环境日益恶化，人类将更加依赖于太阳能、风能或者燃料电池等清洁和可再生的新能源。但是，这些能量来源本身的特性决定了这些发电的方式和电能输出往往具有不稳定性，而超级电容器不仅能起到功率调节作用，而且还可作为太阳能电池和风力发电的储能系统，白天储存太阳能电池和风力发电产生的电能，夜间提供照明等所需的能量[1-3]。此外，超级电容器在高功率脉冲电源、计算机后备电源和军事、航天等诸多领域也具有广泛的应用前景。作为21世纪重点发展的新型储能产品之一，超级电容器正在为越来越多的国家和企业争相研制和生产[4-5]。

纳米锰氧化物 MnO_x（Mn_3O_4、MnO_2 等）具有价格低廉、对环境友好以及电化学工作窗口宽的显著优点，更重要的是，锰基超级电容器可采用中性电解质溶液（如 Na_2SO_4、KCl 的水溶液等），而不像其他金属氧化物或碳基超级电容器必须采用强酸强碱电解质，这使锰基超级电容器的组装及使用更安全、更方便[6-11]。

但纳米 MnO_x 属于半导体材料，导电性差，与贵金属氧化物相比，纳米 MnO_x 的比电容要偏低。此外，纳米 MnO_x 可变化合价多，纳米 MnO_x 结构不稳定，在充放电循环过程中更为突出。因此，如果能有效地克服纳米 MnO_x 电极材料存在的问题，其发展前景将是非常光明的[12-13]。

若将纳米 MnO_x 均匀分散在 PbO_2 基质中形成复合物，PbO_2 优良的导电性能，会提高纳米 MnO_x 的导电性，减小电阻对纳米 MnO_x 电容性能的限制；而同时纳米 MnO_x 会提高 PbO_2 的赝电容性能。所以，纳米 MnO_x 与 PbO_2 形成的复合材料，会具有良好的赝电容性能和循环稳定性。该复合材料在超级电容器和超级电池中会具有很大的应用潜能。此外，纳米 MnO_x 的析氧活性比 PbO_2 高，所以二者形成的复合物，在析氧活性上也会比 PbO_2 高，可用于中性水溶液的析氧反应。

7.2 Mn_3O_4/PbO_2复合电极材料的制备

电极制备采用三电极单室的电解槽,将 1 cm×1 cm Ti/SnO_2-Sb_2O_5作为阳极基体,2 cm×2 cm Ti/RuO_2-TiO_2-SnO_2电极为辅助电极,222 型饱和甘汞电极(SCE)为参比电极。配制含有 20% 丙酮的 100 mL 0.1 mol/L $Pb(NO_3)_2$溶液,调节溶液 pH 值至 3~4,放入适量 Mn_3O_4粒子,超声搅拌 5 min,至粒子完全稳定悬浮后,将溶液移入电解槽中进行恒电位电镀(8511B 型恒电位仪),沉积电位为 1.4 V,沉积时间为 2 h,沉积过程中持续向电解槽中鼓泡。制备完成后,将所制备的电极用超纯水冲洗多次,待用。

7.3 Mn_3O_4/PbO_2复合电极的结构、组成与形貌分析

图 7-1 为 nano-Mn_3O_4粒子、Mn_3O_4/PbO_2复合电极材料和 PbO_2电极材料的 XRD 分析。如图 7-1A 所示,对照标准卡 JCPDS Card 24-0734 可知,nano-Mn_3O_4粒子为四方相 γ-Mn_3O_4,且由 TEM 图片分析可知,该纳米粒子的粒径为 40~60 nm(见图 7-2)。对照标准卡 JCPDS Card 41-1492 可知,在相同条件下制备的未掺杂 nano-Mn_3O_4粒子的 PbO_2为 β-PbO_2(见图 7-1C)。

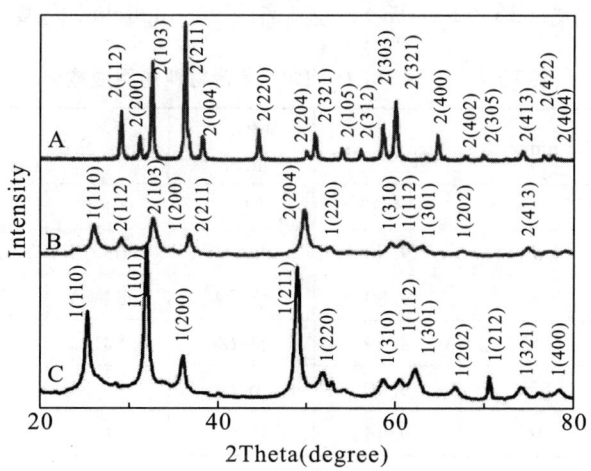

图 7-1 XRD 谱图

A—Nano-Mn_3O_4 B—Mn_3O_4/PbO_2复合电极材料 C—PbO_2电极材料
1—β-PbO_2 2—γ-Mn_3O_4

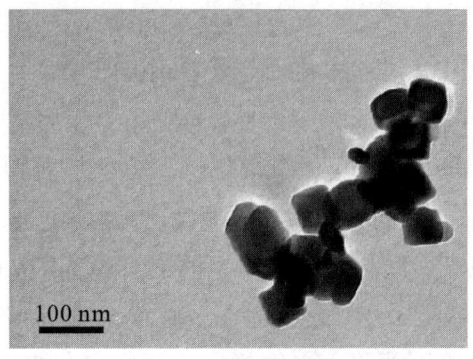

图 7-2　Mn_3O_4 纳米粒子的 TEM 图像

而如图 7-1B 所示为 Mn_3O_4/PbO_2 复合物的 XRD 分析。由图 7-1B 与 A、C 的对比可知，在 25.92°、36.73°、52.60°、59.60°、60.92°、63.12° 及 67.64°处出现的衍射峰属于 $\beta\text{-}PbO_2$，而在 29.04°、32.64°、36.72°、49.72° 及 75.20°处出现的衍射峰属于四方相 $\gamma\text{-}Mn_3O_4$。由此可知，该复合电极材料是由四方相 $\gamma\text{-}Mn_3O_4$ 与 $\beta\text{-}PbO_2$ 所组成的复合物。

通过调节镀液中 Mn_3O_4 粒子的浓度（C）制备出不同组成的 Mn_3O_4/PbO_2 复合物，XPS 对各电极中 Pb、Mn 两种元素含量的分析结果如表 7-1 所示。随着镀液中 nano-Mn_3O_4 粒子含量（C）的增大，镀层中 Mn 元素的含量（P_{Mn}）也随之增大，并趋于一个极限值，当 C 为 7 mmol/L 时，镀层中的 Mn 元素的量达到最大（36.62 at.%），这一结果与 Guglielmi 模型[14]相符合。

表 7-1　不同 Mn_3O_4/PbO_2 复合材料的组成成分

Materials	C (mmol/L)	P_{Pb} (at.%)	P_{Mn} (at.%)	Mn : Pb	C_{dl} ($\mu F/cm^2$)	R_F
PbO_2	0	33.33	0	0 : 1	77	1.28
Mn_3O_4/PbO_2	1	9.90	6.25	0.63 : 1	2600	43.33
	3	9.89	13.24	1.34 : 1	3747	62.45
	5	9.69	24.66	2.54 : 1	3925	65.42
	7	9.40	36.62	3.90 : 1	4320	72.00
	10	9.44	35.97	3.81 : 1	4278	71.30

图 7-3 为不同组成复合电极的 SEM 照片，如图 7-3A 所示，PbO_2 电极表面的 PbO_2 晶体呈块状紧密堆集，且 PbO_2 晶粒的大小平均为 5 μm 左右；由图 7-3B~D 发现，掺杂 Mn_3O_4 纳米粒子后，裹挟 Mn_3O_4 纳米粒子的 PbO_2 晶

体粒径变小,这些"小晶粒"在电极表面呈簇状堆积,且簇与簇之间不紧密地连接,而是交错地衔接在一起,使得复合电极材料表面呈"珊瑚状",具有大量孔隙。随着 Mn_3O_4 粒子掺杂的量的增大,形成的复合物晶体颗粒尺寸逐渐减小,其大小从 1 μm 左右变为几十纳米,同时单位面积上晶簇的数量也随之增多,彼此之间的孔隙度变大。

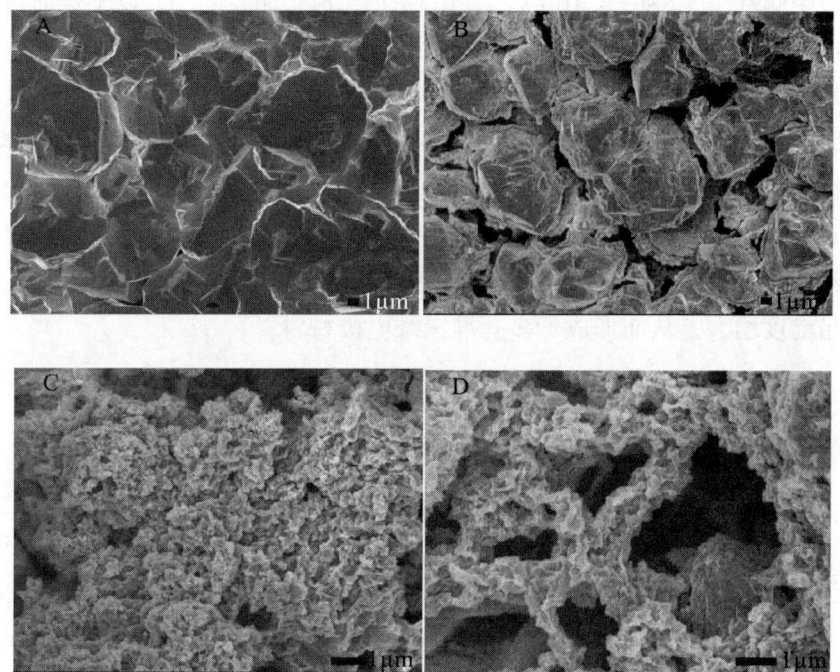

图 7-3　不同组成的 Mn_3O_4/PbO_2 材料的 SEM 图像

A—P_{Mn}=0 at.%　　B—P_{Mn}=6.25 at.%　　C—P_{Mn}=13.24 at.%　　D—P_{Mn}=36.62 at.%

为进一步研究 nano-Mn_3O_4 的掺杂对复合电极比表面积的影响,我们采用双电层电容法[15]计算出各个组成的复合材料的有效电化学面积比(R_F),各电极的双电层电容值(C'_{dl})均通过 EIS 测试分析得到,其分析结果如表 7-1 所示,其计算公式如下:

$$R_F = \frac{C'_{dl}}{C^0_{dl}} \tag{7-1}$$

式中,C'_{dl} 为各个复合电极的双电层测量值;

C^0_{dl} 为光滑电极的双电层值(60 μF/cm²);

R_F 为电极表面有效电化学面积比。

以上结果揭示,nano-Mn_3O_4 粒子的掺杂对 PbO_2 电极的比表面积、孔隙率以及晶粒的大小均有影响。图 7-4 为复合镀层中 Mn 元素的含量 P_{Mn} 与其有效电化学面积比 R_F 之间的关系。其结果表明，nano-Mn_3O_4 粒子掺杂后，复合电极表面的孔隙率、有效电化学面积比（R_F）骤然增大；并且其有效电化学面积比随 nano-Mn_3O_4 粒子掺杂量的增大而增大，最大约可达到 PbO_2 电极材料的 70 倍。这一现象的原因可能是，由于 nano-Mn_3O_4 粒子的粒径仅为 40~60 nm，在镀液中测其ζ电位为 -4.16 eV，在电场作用下，nano-Mn_3O_4 粒子会通过物理吸附或化学吸附的作用，优先吸附在基体表面上。所以，同未掺杂 nano-Mn_3O_4 的 PbO_2 电极相比，PbO_2 晶粒的生长速度降低，而晶核的生长速度增加，即生长速度下降，而加速了新晶核的形成，因此导致复合电极的晶体颗粒的粒径减小。由于 PbO_2 在电极表面的电沉积是三维生长，nano-Mn_3O_4 粒子在电极表面占据活性位抑制了 PbO_2 晶粒的平面生长，而加速了垂直于电极表面的晶粒生长，平面内的二维生长不能完全覆盖表面，因此电极表面的孔隙增加，粗糙度增大，从而形成了多孔准三维电极材料。

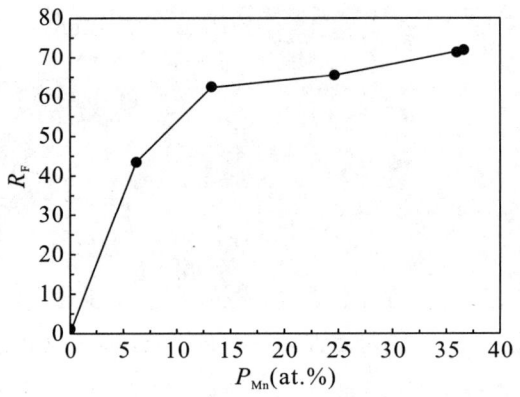

图 7-4 有效电化学面积比 R_F 与 P_{Mn} 的关系

7.4 Mn_3O_4/PbO_2 复合电极材料析氧性能的研究

我们对比研究了 PbO_2、Mn_3O_4/PbO_2 和 nano-Mn_3O_4 三种材料在中性溶液中的析氧活性，并对电极材料进行电化学测试。如图 7-5 所示为各不同电极材料的在 1 mol/L Na_2SO_4 溶液中，扫速为 1 mV/s 时各个不同电极材料的线性扫描曲线。由图 7-5 可知，纯 PbO_2 电极材料的初始析氧电位为 1.7 V 左右，纯 nano-Mn_3O_4 的初始析氧电位为 1.2 V 左右，Mn_3O_4/PbO_2 复合电极材料的析氧活性介于 nano-Mn_3O_4 与 PbO_2 之间；当 P_{Mn} = 6.25 at.% 时，复合电极材料的初始析氧电位为 1.5 V 左右，与纯 PbO_2 相比，初始析氧电位发生负移，大约降低了近 200 mV；随着 nano-Mn_3O_4 含量的增加，复合材料的析氧活性也随之增加，初始析氧电位继续负移；当 P_{Mn} = 13.24 at.% 时，复合材料的析氧活性几乎与纯 nano-Mn_3O_4 相同，初始析氧电位大约在 1.2 V 左右，相对 PbO_2 而言，降低了近 500 mV。

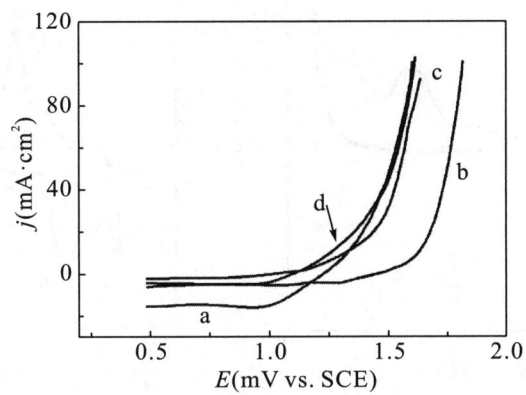

图 7-5　各不同组成电极材料在 1 mol/L Na_2SO_4 溶液中的线性扫描图
a—nano-Mn_3O_4　b—PbO_2　c—Mn_3O_4/PbO_2 composite (P_{Mn} = 6.25 at.%)
d—Mn_3O_4/PbO_2 composite (P_{Mn} = 13.24 at.%)

7.5　Mn_3O_4/PbO_2 复合电极材料赝电容性能的研究

图 7-6 为 PbO_2、Mn_3O_4/PbO_2 和 nano-Mn_3O_4 三种电极材料在 1mol/L Na_2SO_4 溶液中，扫速为 10 mV/s 时的 CV 曲线图。

由图 7-6A 可知，PbO_2 的 CV 曲线出现了两个氧化峰和一个还原峰，对称性不佳。在 1.1 V 左右出现的氧化峰 $Ⅱ_a^o$ 可能为 $PbSO_4$ 和 PbO 转化为 β-PbO_2 的氧化峰；-0.6 V 左右的氧化峰 $Ⅰ_a^o$ 可能为 Pb→$PbSO_4$ 的氧化峰；在还原曲线上，在 0～-0.2 V 出现一个还原峰 $Ⅲ_a^r$，该峰的峰面积较大，与两个氧化峰的峰面积之和大致相等，所以该峰可能是 β-PbO_2→$PbSO_4$/PbO→Pb 的还原反应[16]。

Mn_3O_4 是由二价 Mn 和四价 Mn 组成[17]，图 7-6C 为其 CV 曲线，该曲线出现三对氧化还原峰，峰面积大致相等，呈良好的对称性。氧化峰 $Ⅲ_c^o$、$Ⅱ_c^o$ 和 $Ⅰ_c^o$ 分别对应 MnOONa→MnO_2 + Na^+ + e^- 的嵌入峰和 Mn^{3+}→Mn^{4+}、Mn^{2+}→

Mn^{3+} 的氧化峰[18]，对应的还原峰 $Ⅲ_c^r$、$Ⅱ_c^r$ 和 $Ⅰ_c^r$ 分别为 $MnO_2 + Na^+ + e^- \rightarrow$ MnOONa 的脱嵌峰以及 $Mn^{4+} \rightarrow Mn^{3+}$、$Mn^{3+} \rightarrow Mn^{2+}$ 的还原峰。

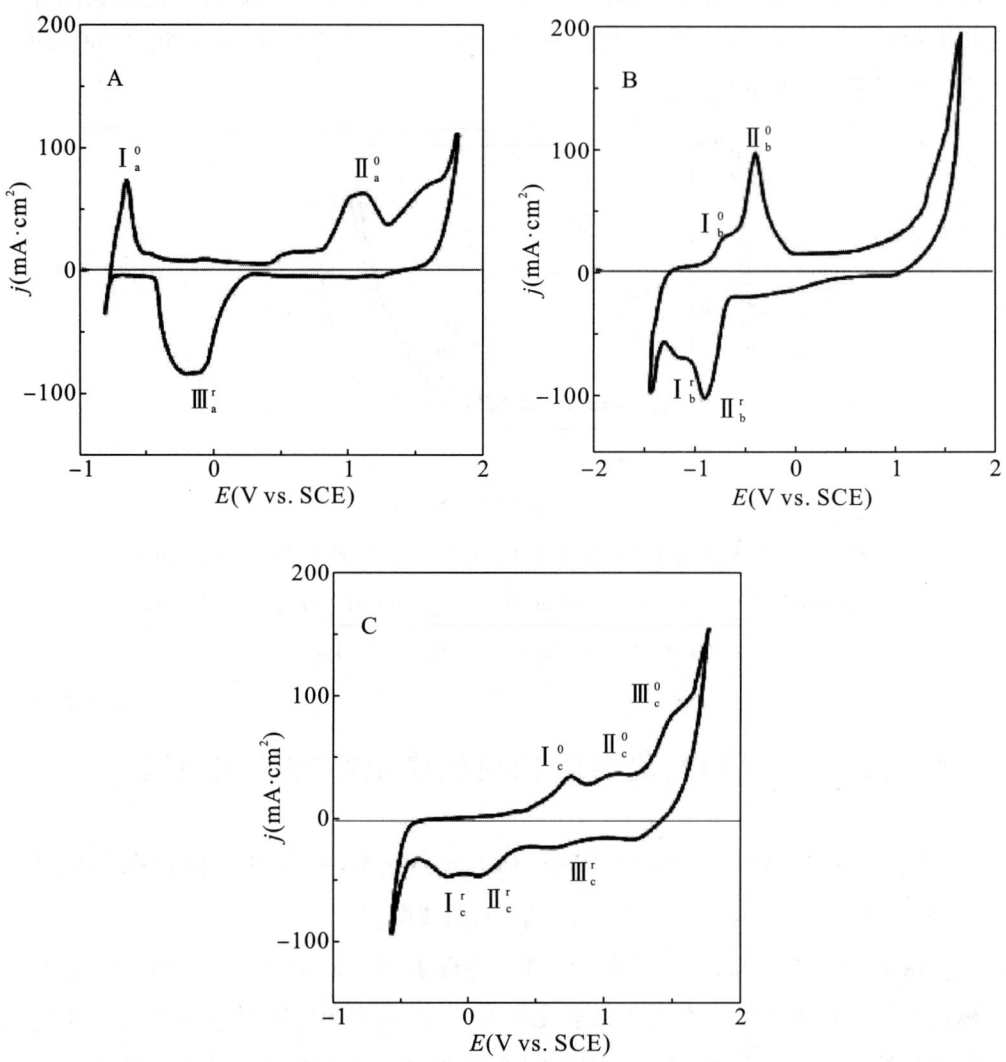

图 7-6　不同电极材料在 1 mol/L Na_2SO_4 溶液中的循环伏安曲线，扫速为 10 mV/s
A—PbO_2　B—Mn_3O_4/PbO_2　C—Mn_3O_4

由 Mn_3O_4/PbO_2 复合物的 CV 曲线图 7-6B 可知，由于 nano-Mn_3O_4 的掺杂该复合物在 Na_2SO_4 溶液中测得的 CV 曲线具有良好的对称性，在 -0.4～-1.1 V 范围内出现了两对氧还峰，$Ⅰ_b^o$ 和 $Ⅰ_b^r$ 的峰电流远小于 $Ⅱ_b^o$ 和 $Ⅱ_b^r$ 的峰电流，说明 $Ⅱ_b^o$ 和 $Ⅱ_b^r$ 这对氧还峰对应的是反应时该复合物在 Na_2SO_4 溶液中发生的主反应,也是该复合物赝电容性能提高的主要原因。当 nano-Mn_3O_4 粒子随 PbO_2 的电沉积嵌入镀层后,nano-Mn_3O_4 被裹挟进入 PbO_2 内部,当 PbO_2 与外界介质发生反应时,二者之间存在电子交换,从而引发了协同作用,复合材料体现出优异的新性能。根据 Mn 的氧化物在 Na_2SO_4 溶液中的脱嵌入反应放电机理和 PbO_2 在 Na_2SO_4 溶液中的氧化反应机理,推测 I_b^o 和 I_b^r 这对氧化还原峰为反应 $\beta\text{-}PbO_2 \leftrightarrow PbSO_4/PbO$;而 II_b^o 和 II_b^r 这对氧化还原峰为 $[Mn_3O_4\text{-}PbO_2] + Na^+ + e^- \leftrightarrow [2(MnO) + MnOOPbOONa]$。

图 7-7 为不同组成的复合电极材料在 1 mol/L Na_2SO_4 溶液中的循环伏安曲线图。由图 7-7 可知随着 Mn 含量(P_{Mn})的提高,复合电极材料的循环伏安曲线峰电流逐渐增大,循环伏安曲线的积分面积也逐渐增大,即复合材料的电容性能在逐渐提高。为进一步确定复合材料的电容性能与组成之间的关系,我们对不同组成的材料进行了充放电测试(各电极的活性物质质量约为 12 mg)。

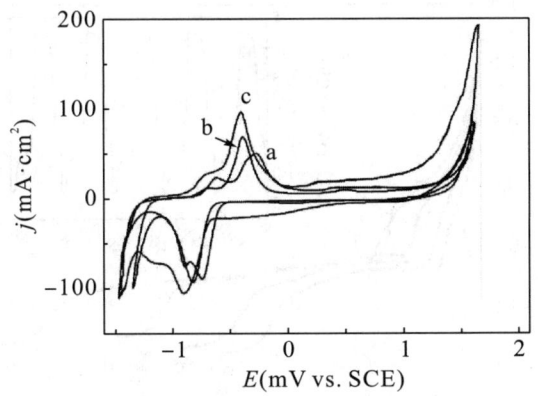

图 7-7 不同组成的 Mn_3O_4/PbO_2 复合材料在 1 mol/L Na_2SO_4 溶液中的循环伏安曲线,扫速为 10 mV/s

a—P_{Mn} = 6.25 at.% b—P_{Mn} = 13.24 at.% c—P_{Mn} = 36.6 at.%.

图 7-8 为不同组成的电极材料在 1 mol/L Na_2SO_4 溶液中的恒流放电曲线图,放电电流为 10 mA/cm^2。根据公式(7-2)和图 7-8,计算出各电极材料的比电容值,其数据见表 7-2。

$$C_g = \frac{I \cdot t}{\Delta E \cdot m} \qquad (7-2)$$

式中,C_g 为比电容值;

I 为放电电流;

t 为放电时间；

ΔE 为电势差；

m 为活性物质质量（12 mg）。

由图 7-8 和表 7-2 可知，PbO_2 电极材料在 1 mol/L Na_2SO_4 介质中的比电容值仅为 46 F/g，nano-Mn_3O_4 的比电容值为 235 F/g；将 nano-Mn_3O_4 掺杂进入 PbO_2 镀层形成复合物后，其电化学窗口增大，约为 2.6 V；同时，复合物的比电容值较 PbO_2 大大提高，并且随着 nano-Mn_3O_4 掺杂量（P_{Mn}）的增大而增大。复合物比电容值与 Mn、Pb 两种元素含量的关系，如图 7-9 所示。当 Mn∶Pb 为 0.63 时，复合物的比电容值约为 149 F/g，大约是 PbO_2 电极材料的 3 倍；当 Mn∶Pb 达到 2.49 时，该复合物的比电容值可达 256 F/g，比 nano-Mn_3O_4 的比电容值高 30 F/g 左右；随着 Mn 含量的继续提高，当 Mn 的掺杂量达到最大，即 Mn∶Pb 为 3.90 时，此时复合物的比电容值可达到 338 F/g，比 nano-Mn_3O_4 高 100 F/g。

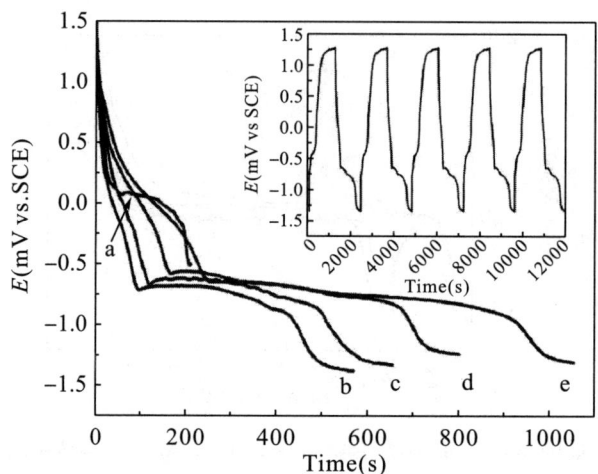

图 7-8 不同组成的 Mn_3O_4/PbO_2 电极材料在 1 mol/L Na_2SO_4 溶液中的恒流放电曲线图，放电电流为 10 mA/cm² [插图为 Mn_3O_4/PbO_2（P_{Mn} = 36.62 at.%）复合材料的充放电曲线图]

a—PbO_2（P_{Mn} = 0 at.%） b—Mn_3O_4/PbO_2（P_{Mn} = 6.25 at.%） c—Mn_3O_4/PbO_2（P_{Mn} = 13.24 at.%） d—Mn_3O_4/PbO_2（P_{Mn} = 24.66 at.%） e—Mn_3O_4/PbO_2（P_{Mn} = 36.62 at.%）

表7-2 不同组成的电极材料在 1 mol/L Na_2SO_4 溶液中的比电容值（放电电流 10 mA/cm^2）

Materials	P_{Pb} (at.%)	P_{Mn} (at.%)	Mn:Pb	C_g (F/g)
PbO_2	33.33	0	0:1	46
Nano-Mn_3O_4	0	42.86	~	235
Mn_3O_4/PbO_2	9.90	6.25	0.63:1	149
	9.89	13.24	1.34:1	209
	9.69	24.66	2.54:1	256
	9.40	36.62	3.90:1	338

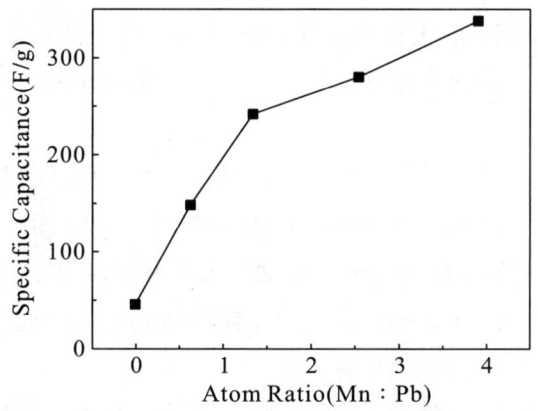

图7-9 不同组成的复合电极材料在 1 mol/L Na_2SO_4 溶液中的比电容值与 Mn:Pb 的关系图

由上述分析可知，当 Mn:Pb≥2.54 时，Mn_3O_4/PbO_2 复合物在 1 mol/L Na_2SO_4 介质中的赝电容性能，优于单一的 PbO_2 或 nano-Mn_3O_4。通过对比研究图7-8 所示的各类材料的放电曲线可知，Mn_3O_4/PbO_2 复合物的放电机制不同于 nano-Mn_3O_4 或 PbO_2。PbO_2 电极材料的放电曲线，在 1.5~0 V 之间骤然下降，然后在 0 V 左右出现一个不到 200 s 的放电平台，然后又骤然下降到 -0.5 V；nano-Mn_3O_4 材料的放电曲线是一条稳定平缓的下降曲线，但在 0~-0.5 V 间，出现一段相对更平缓的下降区间；而 Mn_3O_4/PbO_2 复合物的放电曲线，则分为三个阶段，在 1.3~-0.8 V 这段区间，下降趋势介于 PbO_2 与 nano-Mn_3O_4 二者之间，并且 nano-Mn_3O_4 掺杂量的增大而变得平缓；值得注意的是，复合物的放电曲线在 -0.8 V 左右出现明显的放电平台，并且随着 nano-Mn_3O_4 掺杂量的增大而延长，这段放电平台的延长，使得复合电极材料的放电容量得以大幅度提高；放电平台过后，曲线开始继续下降至 -1.3 V，速率与第一阶段相同。

上述讨论与图 7-6B 所示循环伏安曲线结论一致，复合物放电曲线平台的出现，可能是由于在复合物 Mn_3O_4/PbO_2 的表面发生了 [2（MnO）MnO_2 PbOONa] → [$Mn_3O_4PbO_2$] + Na^+ + e^- 的法拉第反应。Mn_3O_4/PbO_2 复合物的表面是 PbO_2，掺杂的 nano-Mn_3O_4 处在内部，当表面的 PbO_2 与介质发生反应的时候，体相的 nano-Mn_3O_4 同时与 PbO_2 发生电子交换，通过活性物质 nano-Mn_3O_4 的"助力"，介质中的 Na^+ 离子在 PbO_2 表面发生脱嵌和嵌入反应。另外，值得注意的是，由于 nano-Mn_3O_4 的掺杂，Mn_3O_4/PbO_2 复合电极表面形成了多孔准三维 Mn_3O_4/PbO_2 复合镀层。相对于平面电极，准三维 Mn_3O_4/PbO_2 复合电极的大比表面积和多孔性，使得 Na^+ 离子的传输距离几乎可以忽略，介质扩散的限制被极大地削减了。以上两个原因可能是复合物的放电时间延长的主要原因。

图 7-8 内的插图为含有 36.62 at.% Mn 的 Mn_3O_4/PbO_2 复合物，在 1 mol/L Na_2SO_4 中，电流为 10 mA/cm^2 时的充放电曲线图。由该图可知，该 Mn_3O_4/PbO_2 复合物的多次充放电循环曲线几乎稳定不变，在 -0.5 V 出现充电平台，在 -0.8 V 处出现放电平台，与图 7-6B 所示的 Na^+ 离子与在复合电极表面发生脱嵌入反应的峰位相符。

为进一步研究该复合物在 1 mol/L Na_2SO_4 中的赝电容行为，在外电压 0 V 时对 Mn_3O_4/PbO_2 进行 EIS 测试分析，并根据 EIS 测试结果进行电路拟合分析，其结果如图 7-10 所示。根据 EIS 曲线与实轴的截距，可知该复合材料的内阻 R_s 为 0.3 Ω。由于多孔性的影响，该复合电极材料的 EIS 曲线在高频区没有形成理想的半圆，并且出现一条相角为 45°的直线，这是多孔电极的典型阻抗曲线[19]，此现象可以再次证明 Mn_3O_4/PbO_2 复合电极为准三维多孔电极材料，同时说明该复合物的电容主要是由法拉第反应带来的赝电容。

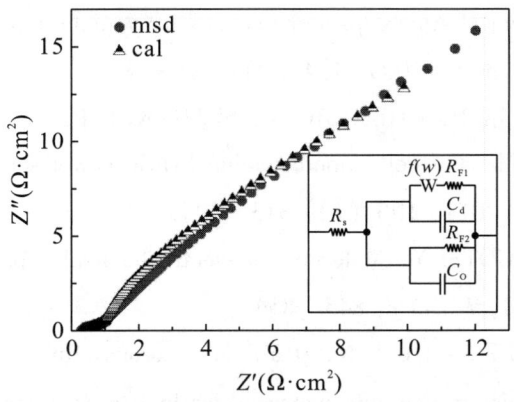

图 7-10　Mn_3O_4/PbO_2 复合电极材料在 1 mol/L Na_2SO_4 溶液中 0 V 时的 EIS 谱图

R_s: inner resistance; R_{F1} R_{F2}: Faraday reaction resistance; $f(w)$: diffusion impedance; C_{dl}: double electric layer capacitance; C_φ: Pseudo capacitance. The inset is the equivalent electric circuit for the EIS.

  本书先采用一步低温均相沉淀法制备出可以在镀液中稳定悬浮的 nano-Mn_3O_4 粒子,而后通过阳极复合共沉积法,将 nano-Mn_3O_4 粒子与 PbO_2 共沉积,从而制备得到不同组成的新型 Mn_3O_4/PbO_2 复合电极材料。Mn_3O_4/PbO_2 复合电极材料是由四方相 γ-Mn_3O_4 与 β-PbO_2 所组成的复合物。同未掺杂 nano-Mn_3O_4 的 PbO_2 电极相比,复合电极材料的晶体颗粒小、孔隙率高,具有准三维多孔特性,因而其比表面积增加,其有效电化学面积比最高可达 72。复合电极材料的起始析氧电位表明,掺杂 Mn_3O_4 的 PbO_2 基复合电极对氧析出反应有更高的催化活性。并且随 Mn_3O_4 含量的增加,初始析氧电位负移幅度随之增大,其起始析氧电位最大可降低约 500 mV。高电化学有效面积以及 nano-Mn_3O_4 与 PbO_2 之间的协同作用,促使 Mn_3O_4/PbO_2 复合电极材料在中性水溶液超级电容器中具有优良的赝电容性能,其比电容值最高可达 338 F/g。这将大大提高 PbO_2 基超级电容器材料的性能,同时拓展其应用领域。

参考文献

[1] WINTER M, BRODD R J. What are batteries, fuel cells, and supercapacitors [J]. Chemical Reviews, 2004, 104 (10): 4245-4269.

[2] MILLER J R, SIMON P. Electrochemical capacitors for energy management [J]. Science, 2008, 321 (5889): 651-652.

[3] SAKKA M A L, GUALOUS H, MIERLO J VAN, et al. Thermal modeling and

heat management of supercapacitor modules for vehicle applications [J]. Journal of Power Sources, 2009, 194 (2): 581-587.

[4] THOUNTHONGA P, CHUNKAG V, SETHAKUL P, et al. Energy management of fuel cell/solar cell/supercapacitor hybrid power source [J]. Journal of Power Sources, 2011, 196 (1): 313-324.

[5] SIMON P, GOGOTSI Y. Materials for electrochemical capacitors [J]. Nature Materials, 2008, 7 (11): 845-854.

[6] LI G R, FENG Z P, OU Y N, et al. Mesoporous MnO_2/carbon aerogel composites as promising electrode materials for high-performance supercapacitors [J]. Langmuir, 2010, 26 (4): 2209-2213.

[7] SUBRAMANIAN V, ZHU H W, WEI B Q. Nanostructured MnO_2: hydrothermal synthesis and electrochemical properties as a supercapacitor electrode material [J]. Journal of Power Sources, 2006, 159 (1): 361-364.

[8] BROUSSE T, TABERNA P L, CROSNIER O, et al. Long-term cycling behavior of asymmetric activated carbon/MnO_2 aqueous electrochemical supercapacitor [J]. Journal of Power Sources, 2007, 173 (1): 633-641.

[9] LIU R, LEE S B. MnO_2/Poly (3, 4-ethylenedioxythiophene) coaxial nanowires by one-step coelectrodeposition for electrochemical energy storage [J]. Journal of the American Chemical Society, 2008, 130 (10): 2942-2943.

[10] LEE M T, CHANG J K, HSIEH Y T, et al. Annealed Mn-Fe binary oxides forsupercapacitor applications [J]. Journal of Power Sources, 2008, 185 (2): 1550-1556.

[11] DEMARCONNAY L, RAYMUNDO-PIÑERO E, BÉGUIN F. Adjustment of electrodes potential window in an asymmetric carbon/MnO_2 supercapacitor [J]. Journal of Power Sources, 2011, 196 (1): 580-586.

[12] AHMED K A M, ZENG Q M, WU K B, et al. Mn_3O_4 nanoplates and nanoparticles: synthesis, characterization, electrochemical and catalytic properties [J]. Journal of Solid State Chemistry, 2010, 183: 744-751.

[13] WANG H L, CUI L F, YANG Y, et al. Mn_3O_4-graphene hybrid as a high-capacity anode material for lithium ion batteries [J]. Journal of the American Chemical Society, 2010, 132: 13978-13980.

[14] GUGLIELMI N. Kinetics of the deposition of inert particles from electrolytic baths [J]. Journal of the Electrochemical Society, 1972, 119: 1009 - 1012.

[15] LEVINE S, SMITH A L. Theory of the differential capacity of the oxide/aqueous electrolyte interface [J]. Discussions of the Faraday Society, 1971, 52: 290 - 301.

[16] HRUSSANOVA A, MIRKOVA L, DOBREV TS. Anodic behaviour of the Pb-Co_3O_4 composite coating in copper electrowinning [J]. Hydrometallurgy, 2001, 60: 199 - 213.

[17] 余侃萍,黄宝贵. 四氧化三锰中锰的存在价态及浆状试样的分析方法 [J]. 矿冶工程, 2004, 24 (1): 58 - 63.

[18] PANG S C, ANDERSON M A, CHAPMAN T W. Novel electrode materials for thin - filmultracapacitors: comparison of electrochemical properties of sol - gel - derived and electrodeposited manganese dioxide [J]. Journal of the Electrochemical Society, 2000, 147 (2): 444 - 450.

[19] LEVIE R DE. On porous electrodes in electrolyte solutions: I. capacitance effects [J]. Electrochimica Acta, 1963, 8 (10): 751 - 780.

第8章 多功能电沉积复合材料的研究现状与展望

8.1 研究现状与挑战

各种机械设备与仪器仪表，在使用过程中因受到气、水及某些化学介质的腐蚀，或因相互之间相对运动而产生磨损，以及温度过高而发生氧化和接触高温金属熔体而被侵蚀，这些因素都会使机件表面首先发生破坏或失效。据资料报道，各种机电产品的过早失效破坏中约有70%是由腐蚀和磨损造成的，这给国民经济造成的损失是巨大的。随着现代化工业的迅速发展，对机械工业产品提出了更高的要求，要求产品能在高参数（如高温、高压、高速）和恶劣的工况条件下长期稳定运转，这就必然对机件表面的耐磨、耐蚀等性能的要求日益苛刻。

在某些情况下，若选用贵重金属或合金制造整体设备及零件，有时可满足表面性能的要求，但从经济上看往往是行不通的，因为降低材料成本是制造业对材料科学工作者提出的任务之一，同时在许多情况下也无法找到一种能够同时满足整体和表面要求的材料。因此，研究和发展机械产品的表面保护和表面强化技术，对于提高零件的使用寿命和可靠性，改善机械设备的性能、质量，增强产品的竞争能力，推动高技术和新技术的发展，节约材料、节约能源等都具有重要的意义。

为了提高机械零部件的使用寿命，国内外学者广泛进行了材料表面改性技术的研究[1-3]。金属材料表面改性技术大致可分为二类：一类是热加工，如热喷涂、激光、电子束、气相沉积、离子沉积等；另一类是湿法，如电沉积、化学镀、刷镀、阳极氧化、磷化等。在所有这些方法中，以电镀、化学镀或刷镀等技术制取的耐磨耐蚀镀层最为省时和经济，因而在材料表面改性方面有着广泛的应用前景。

在金属材料表面进行渗硼处理，可以得到高硬度的硼化物，提高材料的表面硬度。但渗硼温度较高，一般在800~1000℃，在此温度下金属材料变形，必须进行精加工方能使用。相反，用电沉积或化学镀的方法得到的含硼或含磷合金层或复合层，经适当加温（300～400℃）处理，在镀层组织结构中就能得到较硬的硼化物或磷化物，提高了合金层或复合层的硬度，而基体金属却不会变形。

所谓复合电沉积是指用电沉积的方法，使金属与无机颗粒、有机颗粒或金属颗粒共同沉积，以形成复合镀层的方法。运用复合电沉积，可以获得许多具有特殊功能的复合材料镀层，诸如耐磨镀层、耐高温镀层、减摩镀层、耐磨自润滑镀层、高温耐磨镀层、高温自润滑镀层、耐腐蚀镀层、分散强化镀层、特殊装饰性彩色镀层等，它们在机械工业、航空工业、汽车工业、电子工业以及航空航天工业中有着广泛的应用前景，可应用到单金属镀层与合金镀层无法胜任的场合，因此，复合镀层的发现与应用，是功能镀层发展史上的一个里程碑。

稀土元素以其独特的物理、化学特性，微小的用量产生显著的效果而著称，被广泛应用于材料科学领域。稀土在材料表面处理中的应用虽然起步较晚，但发展速度均较快，目前已在镀铬、化学热处理、转化膜等一系列表面处理技术中得到应用。研究表明[4-5]，稀土能显著提高多功能复合材料中固体微粒的含量、硬度和耐磨性以及抗高温氧化性等。

近年来复合电沉积工艺不断完善，应用范围不断扩大，已经开发出一些性能优异的功能复合镀层，例如耐磨减摩复合镀层、耐腐蚀复合镀层、高硬度复合镀层等。几种典型的功能复合镀层的研究和应用现状如下。

8.1.1 高硬度、耐磨复合镀层

8.1.1.1 Ni-P 复合镀层

对于需要承受摩擦，在高温下使用的金属材料，如何提高材料的耐磨性和硬度是人们考虑的问题。人们通常以 Al_2O_3、ZrO_2、TiC、Cr_3C_2、SiC、BN、Si_3N_4、WC、TiO_2、B_4C、ZrB_2、CaF_2、金刚石等作为其分散微粒而获得复合镀层。这些粒子具有比基体更高的屈服强度，且耐磨，还能起到弥散强化基体的作用。因此，这类复合镀层具有良好的耐磨性能、较好的耐高温、抗氧化性能，越来越多的人对其进行研究。吴玉程[6]通过复合电镀的方法，获得含 SiC 10%～30% 的复合镀层，与镀镍层相比，Ni-SiC 复合镀层的耐磨性提高了 70%，已用于代替硬铬镀层。Ni-WC 复合镀层的显微硬度达到 750～900 HV；Ni-B_4C 复合镀层的显微硬度为 550～650 HV；Ni－金刚石的显微硬度为 350～

500 HV；Ni-ZrO_2 具有优良的耐热性，抗氧化能力是 Ni 镀层的 10 倍；Ni-Cr_2O_3 复合镀层具有高的光洁度和耐磨性，经热处理后的硬度可达 1225 HV，耐磨性约提高 15~20 倍。

白晓军[7]制备出硬度为 600~700 HV 的 Ni-SiC 复合镀层，此种镀层的耐磨性极好，用于发动机气缸内壁比镀铬层提高耐磨性达 3 倍左右。对于二元镍基复合镀层，人们已制备出了多种复合镀层，比较了电沉积多种镍基复合镀层的硬度，见表 8-1。

表 8-1 镍基复合镀层的硬度

微粒种类	无微粒	高岭土	Al_2O_3	TiC	Cr_3C_2	SiC	NbC	WC	ZrO_2
硬度/HV	300	440	460	470	470	500	510	510	430

由表 8-1 可看出镀覆有固体颗粒的复合镀层的硬度明显高于无微粒的镍镀层。

以 Co 为基质的复合镀层因其具有更高的耐磨性，也被广泛地研究和应用，人们已制备出了 Co-Cr_3C_2、Co-ZrB_2、Co-WC、Co-SiC 等复合镀层，Co-Cr_3C_2(28.5 wt%)复合镀层不仅表面光滑，而且在高温（400~600℃）下的耐磨性能仍然很好，几乎是 Ni-SiC 复合镀层的两倍。含 Cr_2O_3 20%~25%（体积）的 Co-Cr_2O_3 复合镀层在 300℃~700℃温度下具有优良的耐磨性，在此温度下，Co 与 Cr_2O_3 不发生反应，在镀层表面形成钴的氧化物层而提高其耐磨性[8]。

众所周知，镀铬层本身具有硬度高、摩擦系数低、耐磨性好以及抗高温氧化能力强等优点。若在镀铬层上共沉积固体微粒得到铬基复合镀层，耐磨性将有很大的提高，且耐磨性将根据其镀层中微粒和种类的不同，按下列顺序递减：金刚石、B_6C、B_4C、AlB_{12}、SiC、Al_2O_3。复合镀层中微粒最高含量可达 19wt%，与普通硬铬层的硬度 900~1100 HV 相比，尽管复合镀层的硬度将下降到 500~800 HV，但复合镀层的耐磨性却有明显提高。例如，把复合镀层镀在铜圆轮上，进行磨损试验。在同样条件下，每旋转 10000 转，Cr-金刚石的复合镀层的磨损失重为 2.5 mg（复合镀层的硬度为 500~800 HV），硬铬层的磨损失重 9.5 mg[9]。

对 Cr-SiC 复合镀层的研究结果表明：含 2 wt% SiC 的 Cr-SiC 的复合镀层比镀铬层具有优良的耐磨性，经 400℃，1 h 热处理后，其耐磨性提高了 3 倍。胡信国[10]则认为 Cr-SiC 镀层的耐磨性与硬铬层的差别不大，但随着磨损试验的延长，Cr-SiC 镀层的耐磨性显著高于硬铬层。资料表明：以铬鞣作共沉积促进剂而制得的 Cr-Al$_2$O$_3$ 复合镀层，磨损量仅为硬铬层的 1/4～1/2，Cr-WC 复合镀层[11-12]，当微粒含量在 3～4 wt％时，复合镀层的硬度随着镀层中微粒含量的增加而直线上升，镀层中微粒含量又随镀液中微粒含量的增加而线性提高。

人们通过对一元复合镀研究表明，纯金属基体往往强度潜力有限，采用合金基体，复合镀层则具有更高的硬度和耐磨性。Ni-P 或 Ni-B 合金镀层本身具有较好的硬化效果。所以人们在 Ni-P、Ni-B 合金上共沉积一些固体微粒，获得了耐磨性更好和硬度更高的复合镀层，以满足人们的各种需求。研究表明[13]：化学镀 Ni-P-SiC 复合镀层的磨损量随镀层 SiC 共析量的增加而显著减少，且镀层的摩擦系数小，结合力优良。含 SiC 20～25％vol 的 Ni-P-SiC 复合镀层，镀态硬度为 700～800 HV，经热处理后达 1000～1400 HV，其耐磨性优于硬质铝氧化层和硬铬镀层。白晓军同样进行了 Ni-P-SiC 复合镀的研究[14]，发现此镀层硬度高于 Ni-P 合金，且耐磨性和硬度随热处理温度的升高而升高，磨损体积亦有所降低，超过 400℃后硬度开始下降，磨损体积仍略有下降。镀层的硬度以 400℃热处理为最高，而耐磨性则以 600℃热处理为最好。在此基础上，郭忠诚在镀液中添加 Na$_2$WO$_4$·2H$_2$O，通过诱导共沉积而生成了 Ni-W-P-SiC 复合镀层，该镀层的硬度是 550～750 HV，在负荷 30 kg，6000 循环磨损实验中，磨损量为 2.73 mg，经热处理 400℃×1 h 硬度达 1100～1400 HV，磨损量下降到 1.35 mg[15]。

有人将制得 Ni-P－(CaF$_2$+SiC) 与 Ni-P 两种镀层进行耐磨试验对比，表明后者的磨损失重是前者的 25 倍[16]。化学镀 Ni-P-Cr$_3$C$_2$（含 Cr$_3$C$_2$ 27％，P 7.2％）复合镀层，经热处理后能显著提高硬度，其耐磨性与 Co-Mo 合金相媲美[17]。化学镀 Ni-P-TiO$_2$ 经热处理后，其硬度从 400～500 HV 上升到 720～1150 HV，而含 TiO$_2$ 7～17％vol 的镀层磷含量为 9.1％～9.8％时，经 400℃、1 h 热处理后，镀层硬度从 700HV 增加到 1100HV，耐磨性提高了 3 倍。郭鹤桐制备出的 Ni-P-TiN 复合镀层，其镀层的硬度随微粒含量的增加而增高，高于化学镀 Ni-P 合金层，400℃热处理后，其硬度高于硬铬镀层[18]。翟金坤对 Ni-P-B$_4$C 化学镀层的耐磨性进行研究，结果表明：Ni-P-B$_4$C 复合镀层，经 600℃×1 h 的热处理后，耐磨性可提高 72.4 倍[19]。钟花香[20]进行了 Ni-P-Al$_2$O$_3$ 化学镀研究，性能测试表明：其显微硬度达 $6.44×10^3$ MPa，明显优于电镀镍（$1.47×10^3$～$3.9×10^3$ MPa），热处理后硬度可达 $1.2×10^4$ MPa。靳新位[21]也进行了同样的试验,得到镀层的硬度随时效温度升高而增加,约在 420℃达到最大值 1310 HV;并用动载磨料磨损试验机 MLD-10 型,白石英砂为磨料,进行 10.5 小时磨损试验,其磨损量为 8.3 mg/h·cm^2。而曾鹏等[22]获得 Ni-P/Ni-P-Cr$_2$O$_3$ 复合镀层,该镀层在 350℃时的硬度达到最大值 1250Hv,温度再升高,硬度将下降,但仍高于 Ni-P 合金镀层。Metzger 等对各种 Ni-P 合金复合镀的耐磨性能进行比较结果见表 8-2[23-24]。通过 Taber 快速磨损试验,复合镀 Ni-P 合金的磨损失重仅为 Ni-P 合金镀层的 1/6~1/2,耐磨性能优良,并可看出,(Ni-P)-B$_4$C 复合镀层的耐磨性超过硬铬层几倍至几十倍。

表 8-2 各种 Ni-P 基复合镀层 Taber 磨损试验的磨损量

镀层种类	硬度/HV	Taber 的磨损指数/失重 mg	试验条件
Ni-P	580	12~13	
(Ni-P)-SiC	570	2.6~3.9	
(Ni-P)-B$_4$C	890	2.1~2.3	
(Ni-P)-TiC		2.5	CS-10 橡胶 负载:1 kg
(Ni-P)-WC		3.4~5.3	
(Ni-P)-Cr$_3$C$_2$		7.8	
(Ni-P)-金刚石		2.0	
铝硬质阳极氧化膜		3.3	
硬铬层		2.0	

8.1.1.2 Ni-B 复合镀层

与化学镀 Ni-P 合金镀层相比,化学镀 Ni-B 合金镀层具有更高的硬度,以硼氢化物作还原剂槽液内获得 Ni-B 合金镀层硬度可达 650~50 HV,经 350~400℃热处理 1 h 硬度增加到 1200 HV,其主要应用于耐磨材料,但通常其抗蚀性不及含磷量高的 Ni-P 合金镀层。高强度、高硬度的化学镀 Ni-B 与金刚石微粒共沉积,则可使(Ni-B)-金刚石复合镀层比 Ni-B 镀层的耐磨性提高 4000 倍,这是过去各种复合镀层很难达到的。表 8-3 显示了化学镀 Ni-B 基复合镀层在磨损试验时磨损速度的对比[25]。

表 8-3 化学镀 Ni-B 基复合镀层的磨损试验

镀层种类	磨损试验时间(min)	磨损速度(μm/h)
(Ni-B)-人造金刚石(聚晶)(9 μm)	85	5.1
(Ni-B)-天然金刚石(9 μm)	85	10.2

续表8-3

镀层种类	磨损试验时间（min）	磨损速度（μm/h）
\（Ni-B）-人造金刚石（9 μm）	85	13.1
（Ni-B）-Al$_2$O$_3$（8 μm）	9	109
（Ni-B）-SiC（10 μm）	5	278
（Ni-B）	5	330

以 SiC 为分散相，获得 Ni-B-SiC 复合镀层，测试结果表明：经450℃热处理后镀层硬度达 1349 HV，耐磨性高于中碳钢、硬铬镀层和 Ni-B 化学镀层[26]。郭忠诚[27]的试验得到复合镀层在 400℃热处理时，硬度达到峰值 1450 HV，但此时耐磨性并非最好，主要是由于镀层中含有大量的 H$_2$，内应力高，脆性较大，在与配对试块相对摩擦过程中，镀层产生裂纹，导致脱落，磨损率加大。而在 500 ℃时耐磨性最好且具有相当的硬度。

另外，郭忠诚[28]又研究了 Ni-B-SiC-RE 复合镀的工艺及性能，结果表明：经400℃×1 h 和500 ℃×1 h 热处理后，复合镀层的硬度和耐磨性分别达最佳值。而对 Ni-B-Al$_2$O$_3$-RE 复合镀层的研究表明[29]，350℃下热处理可使镀层硬度达到最大，而耐磨性则在温度 500℃时为最佳。

吴丰[30]曾获得 Ni-B-Al$_2$O$_3$ 复合镀层，经弯曲折断试验表明：Ni-B-Al$_2$O$_3$ 复合镀层与 Ni-B 合金镀层具有良好的附着性能，经 400℃热处理后硬度达最大值（大于1300 HV），此时磨损率最小，低于 Ni-B 合金镀层。

从以上众多的研究可以看出，金属基复合镀层的硬度（铬除外）和耐磨性能均要高于单纯的金属镀层，且合金复合镀层更加明显。因此，此类复合镀层被广泛应用于纺织机械的耐磨零部件、工具、模具、电子零部件、宝石加工、牙科医疗机械以及电子工业、汽车工业的发动机汽缸等方面。

8.1.2 自润滑复合镀层

通常减少磨损的方法是在摩擦界面上添加液体或膏状润滑剂，这些润滑剂虽然起到了很好的润滑作用，但液体润滑剂难于牢固地黏附于摩擦界面上。在摩擦过程中，液体润滑剂往往会大量流失，造成污染，必须定期、及时地补充润滑剂才能保证良好的润滑状态。而固体润滑剂微粒与基体金属沉积得到的自润滑镀层却具有良好的润滑功能、可在较大的温度范围内工作、不必定期补充润滑剂等优点，越来越受到人们的重视。

固体润滑剂微粒，如 MoS$_2$、石墨、氟化石墨、BN、WS$_2$、聚四氟乙烯等，在大气中的摩擦系数很小。MoS_2 为 0.05~0.25，WS_2 为 0.05~0.25，石墨为 0.10~0.30，PTFE 为 0.02，h-BN 为 0.1~0.2，氟化石墨为 0.02~0.20。若将这些微粒和金属共沉积得到复合镀层，可防止摩擦副的两种金属直接接触，从而减少或防止了黏着磨损，使磨损量大大下降。因此，在工业上可作为滑动零部件的表面镀层，具有很好的自润滑功能。通常这类自润滑镀层主要有 Ni、Cu、Ag、Pb、Sn、Au、Co 等金属[31]。Vest 等[32]在氨基磺酸镍镀液中加入预先与镀液充分混合的 MoS_2，在激烈搅拌条件下，得到了含 MoS_2 20~80%vol 的 Ni-MoS_2 复合镀层。试验表明：镀液的 pH 值对 MoS_2 共析量影响很大，MoS_2 的共析量随 pH 值和电流密度的降低而增加，这是由于氢离子在 MoS_2 表面吸附造成的。

石墨是一种常见的固体润滑剂，它可以和 Ni 或 Cu 等金属共沉积形成复合镀层，通过测定 Ni-石墨镀层中石墨含量对摩擦系数的影响，得出随着石墨含量的增加，摩擦系数几乎直线下降，当石墨含量足够高时（约 30%vol），摩擦系数却保持不变，甚至还略有上升，MoS_2 含量对 Ni-MoS_2 镀层摩擦系数的影响与此类似。

石墨在高温、高速、高压以及潮湿的情况下，会失去润滑作用。而氟化石墨即使在高温、高压、高速的摩擦状态下，仍能保持良好的摩擦性能，其摩擦系数不会因温度的变化而显著改变。因此，从 20 世纪 70 年代开始了氟化石墨与金属 Cu、Pb 的共沉积[33]。

日本住友金属工业公司成功制备了厚度达 500 μm 的含 $(CF)_n$ 17%vol 的 Ni-$(CF)_n$ 复合镀层，并将此镀层用在连续铸钢用铸模的表面上，大大延长了其使用寿命。日本铃木摩托车公司在氨基磺酸盐镀镍溶液中加入平均粒径 3.5 μm 的 SiC 微粒和平均粒径 2.0 μm 的 $(CF)_n$ 微粒，获得含 SiC 3.2%、$(CF)_n$ 2.2% 的 Ni-SiC-$(CF)_n$ 复合镀层，并将其用于活塞和内燃机的汽缸上。

吴以南等[34]用化学镀的方法制备出 Ni-P-$(CF)_n$ 复合镀层，测得其与硅树脂间的静摩擦系数是铜与硅树脂之间的静摩擦系数的 1/2 左右。把这种镀层用于模具上，发现镀覆有 Ni-P-$(CF)_n$ 复合镀层的公模比铜制公模的脱模性能有明显的改善。郭鹤桐[35]在 Watts 镀镍液中电沉积出 Ni-h-BN 和 Ni-$(CF)_n$ 自润滑复合镀层，h-BN 和 $(CF)_n$ 微粒的粒径均小于 0.5 μm，发现在镀层中微粒的含量不太高时，镀层的显微硬度随镀层中微粒含量的增加而上升。而且当微粒含量继续增加时，镀层的硬度、摩擦系数降低，耐摩性提高。对比这两种复合镀层的磨损量，见表 8-4。由表 8-4 可以看出，这两种复合镀层的磨损量仅为普通镀镍层的 1/10，说明复合镀层的使用寿命将比普通镀镍层延长 10 倍左右。

表 8-4　几种镀层的磨损实验结果

镀层种类	普通镀镍层	Ni-h-BN (8.2% vol)	Ni-(CF)$_n$ (6.5% vol)
磨损量 (g/min/cm)	9.11×10^{-4}	4.4×10^{-5}	6.67×10^{-5}

在硫酸盐酸性镀铜液中用普通共沉积法电沉积不同微粒含量的 Cu-石墨和 Cu-MoS$_2$ 复合镀层，并对这两种复合镀层进行摩擦磨损试验，测定镀层中微粒含量、摩擦负荷、运动速度对摩擦系数的影响，结果如下：随复合镀层中石墨、MoS$_2$ 含量增加，摩擦系数几乎直线下降。但在微粒含量足够高时（13%~15%vol），摩擦系数却保持不变，甚至还略有上升；而随负荷增加，摩擦系数明显下降；但运动速度的变化对摩擦系数的影响不大[36]。

对于铜基自润滑复合镀层还有很多，如 Cu-h-BN、Cu-CdS、Cu-TiO$_2$、Cu-SnS、Cu-NbSe$_2$、Cu-NbSe$_2$-MoS$_2$、Cu-石墨-MoS$_2$，在 20℃ 空气中的摩擦系数都在 0.11~0.36 之间。

PTFE（聚四氟乙烯）的化学稳定性极高，摩擦系数低，且数值平稳，在 -200℃ 以下的低温条件下，仍有良好的自润滑性能。此外，它的抗有机溶剂和抗黏附性极好，几乎所有固体材料都不能黏附在其表面[37]。所以，以 PTFE 作为共沉积微粒制备的复合镀层，除了用于一般要求减摩的环境外，还常用于制橡胶和塑料压铸时的脱模镀层[38]。在 LFW-1 型摩擦磨损试验机测定了镀硬铬层、光亮镀镍层及 Ni-PTFE（10%vol）镀层的磨损量，得出 Ni-PTFE 的磨损量仅为硬铬层的 1/10，为光亮镀镍层的 1/50 左右。表 8-5 列出了不同含量 PTFE 的镍基复合镀层的摩擦系数值。实验条件为：负荷 5 N，摩擦系数对偶材料，磨光软钢板，温度 25℃，大气环境，所用设备为 HEIDON-14 型表面性能测定仪。

表 8-5　几种镀层的动、静摩擦系数

镀层种类		Ni-PTFE (10%vol)	Ni-PTFE (35%vol)	Ni-(CF)n (15%vol)	Ni-SiC (10%vol)	硬铬层
摩擦系数	静摩擦	0.0168	0.0096	0.0360	0.0300	0.0160
	动摩擦	0.0157	0.0096	0.0256	0.0256	0.0182

由表 8-5 可看出，Ni-PTFE（35%vol）动、静摩擦系数很低，具有良好

的自润滑功能。

Ni-P-PTFE复合镀层的研究表明：利用共沉积技术制得含PTFE 30%vol的镀层具有最低的摩擦系数0.17。采用一种多用途高频摩擦磨损试验机对Ni-P-PTFE复合镀层磨损过程进行了连续跟踪测试，得出如下结论：在同样测试条件下，高磷及中磷化学镀镍层的摩擦磨损出现前几乎不存在稳态磨损阶段。

PTFE含量对复合镀层磨损行为影响显著，含9%~15% PTFE镀层的摩擦系数随着时间延长而快速增加。而PTFE含量在20%~28%时能有效减轻摩擦磨损。

何正山[39]采用动摩擦系数精密测定装置，测定了不同PTFE含量镀层的摩擦系数，见表8-6。具有固态自润滑性能的PTFE镀入镀层，能显著降低镀层的摩擦系数。另外，人们开发出了铁基自润滑复合镀层，例如Fe-MoS_2复合镀层，将其在试验机上对Fe-MoS_2复合镀层进行摩擦、磨损试验，测定镀铁液中MoS_2浓度对镀层磨损量及对摩擦副对偶磨损量的影响。试验结果表明，所有Fe-MoS_2镀层的耐磨性均比普通镀铁层高，且发现镀液中MoS_2的浓度为6 g/L左右时，所获得镀层的耐磨性最好。而当镀液中MoS_2浓度太低时，其减摩作用不明显，而当MoS_2浓度太高，或镀层中MoS_2含量过多时，又会使本来就有很多微裂纹的室温镀铁层，变得比较疏松、脆弱，在摩擦磨损过程中，镀层易于剥落，从而增加了磨损速度。

表8-6 不同PTFE含量镀层的摩擦系数对比

PTFE含量（%）	13.4	18.0	24.0
静摩擦系数	0.130	0.125	0.115
动摩擦系数	0.100	0.120	0.130

向军准等[40]研究了Ni-MoS_2镀层中MoS_2悬浮量和电流密度等参数对镀层中MoS_2含量的影响。随着悬浮量的提高，MoS_2共沉积量先增大后有所降低；关于电流密度，作者认为，该参数一方面影响镀层中MoS_2微粒的共沉积量，另一方面通过影响MoS_2微粒与其附近金属晶体的结合力而影响复合镀层的硬度，在通常情况下电流密度1.0 A/dm^2左右时复合镀层可获得较高硬度。

聚四氟乙烯（PTFE）作为复合电沉积的一种分散相材料，耐磨性好，静摩擦系数是塑料中最小的，自润滑性能好，具有"塑料王"之称，它的表面能非常小，吸引其他物质力很弱，具有不黏性，它可在250~260℃温度下长期使用，稳定性高，在高温、低温及高真空情况下，作为固体润滑材料极为适合。

车如心等[41]在 Ni-Mo-P 合金电镀液中加入 PTFE 制得了（Ni-Mo-P）-PTFE 复合镀层。通过研究镀液主要成分及工艺条件对复合镀层的影响，优选出一种较佳的复合镀液及工艺条件，并进行了复合镀层性能测试。PTFE 的加入明显提高了镀层的减摩性；同时 Mo 元素的加入起到了强化作用，弥补了 PTFE 复合对镀层硬度的降低[42]。

此外，有人还对两种微粒与铁共沉积进行过研究。例如在含有 MoS_2 微粒的镀铁液中再加入 HfC、WC、Al_2O_3、ZrO_2、ZrB_2 等几种微粒中的一种，可以形成含有两种微粒的铁基复合镀层。

对于锡基自润滑镀层，人们很早就进行过研究，但是仅限于镀锡层的减摩作用。不过由于强度、硬度太低，耐磨性很差，未能取得满意的效果。而若把锡与镍粉进行共沉积形成 Sn-Ni 自润滑复合镀层，则取得了较好的效果。当镍微粒在镀层中的含量由零增加到 2.7 % vol 时，其磨损率由 12 μg/m（普通镀锡层）降低到 1 μg/m，摩擦系数由纯锡层的 0.28 降到 0.08。Sn-Ni 复合镀层比普通锡镀层具有更高的硬度、更低的摩擦系数和更高的抗磨损能力，是一种有前途的减摩材料。

中科院化学物理研究所王立平[43]发现 PTFE 含量对复合镀层的耐磨性有较大影响，Ni-PTFE 复合镀层的耐磨性比纯镍镀层提高 2～50 倍，摩擦系数降低到 1/32～1/6。测试表明，复合镀层 PTFE 体积分数为 24% 的复合镀层具有优异的摩擦磨损性能。Masayoshi[44]明确指出，镀层摩擦系数和硬度都随着镀层中 PTFE 的含量增加而减小，同时在 400℃下进行热处理，镀层硬度达到最大值。

如今常见自润滑复合镀层品种繁多，基质金属有 Ni、Cu、Fe、Co 以及合金 Ni-P、Ni-B 等，分散相微粒主要为 MoS_2、WS_2、PTFE、BN、CaF_2、PVC、石墨等。除此之外，还有锌基、钴基、金基、银基、合金基等自润滑复合镀层，它们都能起到很好的减摩作用。

8.1.3 具有电接触功能的复合镀层

在电器设备、仪器系统中有许多接触器、开关、电位器、继电器、连接器等，这类电接触材料的主要作用是传递电信号、电能以及接通或切断各种电。它们的材质性能直接影响电转换器件以及整个仪器仪表的可靠性、精度、寿命和使用价值。人们广泛使用镀金层与镀银层作为电接触材料，这类镀层虽具有优良的导电、导热性能，但其耐磨性和耐蚀性较差，若使一些固体与金、银共沉积，形成相应的复合镀层，则具有良好的电接触功能，这类复合镀层以 Au、Ag 为基质的较多，分散微粒有 WC、SiC、BN、MoS_2、La_2O_3 等。目前广泛应用的电接触材料，主要是银、金、铂、钯为基的合金和添加了分散微粒的电接触层的复合镀层材料。分散微粒主要有 WC、SiC、BN、MoS_2、La_2O_3、Al_2O_3 等[45]。

对于 Au-石墨复合镀层的研究，发现可使其摩擦系数降低到仅为金镀层的 1/5～1/6，接触电阻比纯金增加 20%～80%，而寿命可提高 10 倍左右。

在亚硫酸盐镀金液（pH=9.5）或氰化镀金液（pH=5.5）中加入硬度高和导电性好的 Ti、WC（粒径 1 μm），获得硬度、强度及耐磨性比纯金镀层高的 Au-TiC、Au-WC 复合镀层。由于加入的碳化物粒子的化学稳定性高，因而这种复合镀层的耐蚀性、接触电阻和纯金镀层大体相当，应用在各种电子仪器、零部件的滑动接触面上，特别是含 WC 17% 的 Au-WC 复合镀层，经 800℃热处理后，其硬度为纯金镀层的 1.5 倍，接触电阻为 1.08 mΩ，接近金镀层的 0.78 mΩ。Au-SiC 镀层的耐磨性和电接触性能要比 Au-WC 好，它的实用价值也就更高。且在接触压力为 10 g 和电流是 40 mA 的条件下，Au-SiC 镀层的接触电阻随着 SiC 的含量增加而增大的幅度要比 Au-SiC 镀层小[46]。

由氰化物镀银液中电沉积 Ag-La_2O_3 复合镀层[47]，其镀层中的 La_2O_3 含量也随着镀液中 La_2O_3 浓度的增大而增加，但其硬度比普通镀银层高得多。例如含 Ag-8 wt% La_2O_3 的复合镀层的硬度（60 HV）几乎要比普通镀银层高几倍。以 Ag-La_2O_3 镀层制备的电触头，进行电寿命试验前的接触电阻随镀层中 La_2O_3 含量增加而提高的量很少，只有百分之几到百分之十几。但电触头经通断电 10 万次后，接触电阻值明显变大，且镀层中 La_2O_3 含量越高，接触电阻的增幅越大。

在滑动接触的电触头中，摩擦磨损是影响电寿命的主要因素，若使 MoS_2 或 h-BN 微粒与 Ag 其沉积形成 Ag-MoS_2 或 Ag-h-BN 复合镀层，其接触压力加大，接触电阻变小，然后趋于一个稳定值。在静态接触时，Ag-h-BN 与 Ag-MoS_2 镀层的接触电阻值差别不太大，但在动态接触时，Ag-MoS_2 镀层的接触电阻与普通银层相近，而 Ag-h-BN 镀层却大得多。当镀层中微粒含量为 0.5～13% vol，镀层的摩擦系数为 0.17～0.51，硬度为 710～1040 HV，其接触电阻的负荷为 1 N 时，和镀银层相近，约为 1 mΩ。

此外，电接触复合镀层还有 Au-Al_2O_3、Au-Ni-SiO_2、Au-ZrB_2、Sn-MoS_2、Sn-SiC、Sn-Al_2O_3、Sn-WC、Sn-石墨等。

1990 年，天津大学的研究人员已经研制出银-氧化镧复合镀层，可以取代纯银作为电接触材料。它能使金属银与悬浮在镀液中的 La_2O_3 等稀土微粒共沉积在铜基上，它比其他触头（铜基镀银触头、纯银触头）更具耐电侵蚀、化学稳定性高、接触电阻低等优点，可节约用银 70%～90%。1994 年，蒋太祥等[48]研究了银合金-稀土胶体复合镀层的各种性能，包括镀层的摩擦系数、接触电阻的稳定性、镀层的耐磨性以及电触点寿命等。测试结果表明，刚开始时两种镀层的接触电阻相近，但随着时间推移，复合镀层的接触电阻要比纯银镀层低，摩擦试验表明，镀层的动摩擦系数比纯银镀层降低 30% 左右。

碳纤维不仅强度与弹性模量高，而且具有良好的导电导热性、耐磨减摩性及低的热膨胀系数，因此，采用碳纤维作为复合材料的一个组分，通过选用合适的电沉积工艺，制成铜-银基复合电接触材料具有良好的电性能及力学性能，使用寿命大大提高[49]。颜士钦等[50]采用连续电沉积镀银（铜）方法对碳纤维进行表面处理，涂层厚度可通过控制电流及时间来达到。在小型 Instron 拉伸机进行实验，从强度结果可看出，连续涂覆不损伤碳纤维，提高了电接触性能。徐金城[51]发现短碳纤维铜基的电导率和热导率随碳纤维的体积分数的增加而减小，但复合材料仍具有良好的导电性和导热性。碳纤维体积分数为 20% 时，复合材料的电导率和热导率分别为 0.45×10^8 $\Omega \cdot m$ 和 180 J（s·m·K），高于镍、铂、钨等贵金属元素的电导率和热导率，因而为代替钼、钨作晶闸管电力半导体支撑电极提供了理论依据。

摩擦磨损是影响滑动接触的电触头寿命的主要因素，若实现 MoS_2 或 h-BN 与银共沉积形成复合镀层，其接触压力加大，接触电阻变小。静态接触时，Ag-h-BN 与 Ag-MoS_2 镀层的接触电阻值差别不太大；但在动态接触时，Ag-MoS_2 镀层的接触电阻与普通银材料差不多，而 Ag-h-BN 镀层却大得多。当镀层中微粒的体积分数为 0.5%～13%，镀层的摩擦系数为 0.17～0.51，维氏硬度为 710～1040，其接触电阻的负荷为 1 N 时，和镀银层相近，约为 1 $m\Omega$[52]。

近年来，随着纳米技术深入研究，纳米复合电沉积在接触材料中也大有发展前途，初步研究表明，纳米材料引入复合镀层不仅可以节约贵金属材料银、金等，还可以提高电接触性能。在铜基体上制得粒度 40 nm 的 Cu-Y-Fe_2O_3 复合材料，该材料具有超常的机械、电和磁学性能；在铜基体上成功地用焦磷酸钾镀液电沉积具有导电功能的复合镀层[53]。

为了解决金属银硬度低、耐磨性差、抗电蚀能力差等缺点，研究人员尝试在复合镀液中添加超硬材料金刚石微粒作为分散相与金属形成复合镀层[54]。吴元康[55]使用纳米金刚石微粒来增强银基镀层，有效地提高了银镀层的硬度，大大降低了电磨损率,提高了电触头的使用寿命及耐大电流强度的能力。余焜等[56]对银基金刚石复合镀深入研究后发现,复合镀层中金刚石含量越高,粒径越小,其磨损率越小,接触电流较大时效果明显。

除了以上所介绍的,常见电接触复合镀层还有 Sn-石墨、Sn-WC、Sn-Al_2O_3、Sn-MoS_2、Au-ZrB_2、Au-Al_2O_3 等。

8.1.4 耐蚀、装饰功能的复合镀层

普通装饰———防护镀层中最外面的镀铬层,内应力极大,易产生应力腐蚀,为了避免这种现象出现,人们往往以 Ni 作为牺牲阳极,在镀铬之前,在亮镍层上沉积一层薄镍封镀层,如 Ni-SiO_2、Ni-$BaSO_4$、Ni-高岭土等,非导体的固体颗粒与镍共沉积,将使镀层变得致密,大大降低了镀镍层的孔隙率和内应力,更重要的是在镍封镀层共沉积铬层时,由于镍封镀层表面上的固体颗粒不导电,铬不能在固体微粒上沉积,结果镀铬层表面上形成了大量微小的孔隙。这在很大程度上降低了普通镀铬层中的巨大内应力,从而减少了应力腐蚀。

有人使用 Al_2O_3 或 ZrO_2(粒径 0.5~5 μm)微粒制备出含 Al_2O_3 5~22%vol 的 Ni-Al_2O_3 镍封镀层,并测定了 Ni-Al_2O_3 和纯镍镀层在 0.5 mol/L H_2SO_4 和 0.1 mol/L NaCl 溶液中的极化曲线,以及在 0.5 mol/L H_2SO_4 溶液中的钝化电流和钝化电位,结果表明:Ni-Al_2O_3 镍封镀层比纯镍层具有更高的电化学活性,但腐蚀试验结果相反。与相同厚度的 Cu/光亮镍/Cr 组合镀层相比,Cu/光亮镍/镍封/Cr 组合镀层的耐蚀性提高了 5 倍。

近年来,人们通过铝粉与锌共沉积的方法得到 Zn-Al 复合镀层,虽然铝的标准电极电位比锌负得多,但由于金属铝粉表面存在着氧化膜,故在 Zn-Al 复合镀层中,由这两种金属组成的腐蚀电位,仍然是铝作阴极。而且在这种阴极上的电极反应不易进行,遂使金属锌上的阳极溶解速度明显降低。也就是说,镀锌层中加入铝粉后可使其耐腐蚀能力得到明显的提高[57],其耐蚀性比通常的电镀锌或热镀锌层优良。在盐雾腐蚀试验过程中,热镀锌层、电镀锌层的腐蚀速度大约为每天 30~40 g/m^2,电镀锌后作扩散处理的镀层腐蚀速度为每天大约 20~25 g/m^2,而 Zn-Al 复合镀层的腐蚀速度仅为每天 2~5 g/m^2。此外,耐蚀性复合镀层还有 Zn-SiC、Zn-ZrO_2、Zn-TiO_2、Zn-SiO_2 等。

郭忠诚等[58]研究 RE-Ni-W-P-SiC 复合镀层的性能,得出结论:Ni-W-P-SiC 复合镀层在各种腐蚀介质(HNO_3 除外)中的耐蚀性均优于 1Cr18Ni9Ti 不锈钢。

孙冬柏等[59]研究发现，在强碱性电镀液中获取的非晶态 Fe-Mo 合金表面存在大量微裂纹，往镀液中加入二氧化锆、二氧化钛等微粒可以改善镀层的表面状态，从而使非晶态镀层的耐蚀性得到提高，通过实验数据表明：非晶态镀层的耐蚀性优于晶态镀层，含二氧化锆和二氧化钛的非晶态 Fe-Mo 复合镀层的耐蚀性又优于普通的非晶态 Fe-Mo 合金镀层。其原因是含二氧化锆微粒的复合镀层明显地消除了原来的 Fe-Mo 非晶态镀层表面存在的裂纹，固体二氧化锆微粒存在于镀层中，这种微裂纹减少或消失的现象，对于非晶态镀层的防腐蚀性是有利的。

白晓军等[60]研究发现 Zn 镀层中加入氧化铝或二氧化硅粒子后，复合镀层的耐腐性显然优于纯金属 Zn 镀层。此外还得出以下结论：①当锌/氧化铝复合镀层中的氧化铝含量为 0.1~1.5 wt% 时，其耐腐蚀能力比金属锌镀层高 2~4 倍，该复合镀层与基体结合也较好。②锌/二氧化硅含量大于 0.5% 时，耐蚀能力得到较大的改善，但与基体结合力较差。③当向钢板表面镀覆三层含二氧化硅粒子量不同的锌/二氧化硅复合镀层时，可产生较好的耐腐蚀效果并能改善复合镀层与基体的结合力。

试验结果说明，在 NaCl 盐浆的腐蚀和磨损联合作用下，碳钢耐蚀性不好，316L 不锈钢的耐蚀性较好，但由于硬度低，造成钝化膜的破坏，腐蚀磨损也较大。而 Ni-P 镀层只有轻微的腐蚀，Ni-P-B_4C 复合镀层耐蚀性最好，在工业应用中效果明显。因此，试验材料的硬度和耐腐蚀功能按下列顺序提高：45 < 316L < Ni-P < Ni-P（热处理）< Ni-P-B_4C < Ni-P-B_4C（热处理）。李崇豪等[61]研究表明，在空气之中长期停放，表面刷镀 Ni-Co-ZrO_2 复合镀层的塑模仍没有锈蚀发生，证明镀层抗腐蚀性能良好。张恒等[62]将不同热处理温度下处理的 Ni-P-Al_2O_3 及 Ni-P 镀层置于 10% HCl 中作挂片减重实验，得到结果如表 8-7 所示。

表 8-7 镀态及热处理试样在 10% HCl 中腐蚀速度

T（℃）	Ni-P	Ni-P - Al_2O_3
室温	53.9	138.1
200	53.9	130.9
300	151.1	142.0
350	164.4	188.0
400	192.6	195.0

续表8-7

T(℃)	Ni-P	Ni-P-Al$_2$O$_3$
450	235.6	326.6
550	177.8	180.2
700	85.8	135.7

由表8-7可知：镀态下Ni-P及Ni-P-Al$_2$O$_3$在10% HCl中的腐蚀速度分别为53.9和138.1 mg/cm^2/y，比相同条件下Cr$_{18}$Ni$_9$不锈钢的腐蚀速度（大于1200 mg/y/cm^2）的耐蚀性能好得多。这应归功于非晶镀层是均一单相系，不存在晶界、位错等晶体缺陷以及化学成分偏析的特点，故抗腐蚀性能良好。同时高含量P使合金具有高的钝化能力，也使Ni-P合金镀层抗蚀性能增强。Ni-P镀层耐蚀性比Ni-P-Al$_2$O$_3$稍高，但Ni-P-Al$_2$O$_3$复合镀层仍具备相当优异的耐蚀性能。之所以比前者稍差，是因为Al$_2$O$_3$粒子使镀层微观应力增加，这些都使其抗蚀性能受到一定损害。此外，在较高的温度下，一方面，镀层的韧性增加，产生裂纹的概率下降；另一方面，镀层与基片之间扩散形成镍合金层，使镀层与基片间黏着性得以提高，抗蚀性增加。

8.1.5 电催化复合镀层

人们对电催化复合镀层的研究主要致力于降低复合电极在析氢和析氧反应中的过电位，提高电极反应的电催化活性和稳定性[63]。

20世纪90年代初，有学者利用在镀液中添加PTFE制备Ni-PTFE复合电极，发现利用该电极可以明显提高水溶性电化学反应的电流效率。进一步研究表明，Ni-PTFE复合电极不仅能够提高电极上副反应的过电位，还可以降低析氢反应的过电位，降低醇类、酚类等有机物氧化反应的过电位[64-68]。有关文献[69]也对Cu-PTFE复合电极的电催化氧化性能进行了报道。王为等[70]用复合电沉积方法制备由基质金属镍及弥散分布于其中的ZrO$_2$微粒构成的复合镀层，发现其析氢电催化性较纯镍层大幅度提高，且远超过镍与ZrO$_2$各自性能的线性加合，用XPS、UPS、ESR等手段对Ni-ZrO$_2$复合层中基质金属镍与ZrO$_2$微粒间的轨道相互作用进行研究，解释了Ni-ZrO$_2$镀层的析氢电催化活性机制。结果表明，单独存在的ZrO$_2$粉末中的锆以Zr^{4+}形式存在，当ZrO$_2$微粒由镀液进入复合镀层时，其表面的Zr^{4+}被部分还原，ZrO$_2$微粒表面还存在氧离子缺位。Iwakura等[71]了解到与纯镍电极相比，Ni-RuO$_2$在析氢反应上表现出更高的催化活性。例如，在 90℃、10 mol/L NaOH 溶液中，电流密度 100 mA/cm^2 时，Ni-RuO$_2$ 电极上的析氢过电位比镍电极的约降低 300 mV，分析原因有两个，除了 RuO$_2$ 自身所具有催化活性外，RuO$_2$ 的嵌入也大大提高了镀层的真实表面积（经测定 Ni-RuO$_2$ 电极的真实面积是几何面积的 50 倍）。

除了以镍、锌等单金属作为基质金属外，Ni-P、Ni-Mo 等合金为基质的复合电极同样具有良好的电催化性。刘善淑等[72]发现，在 80℃、25% NaOH 溶液中，电流密度为 130 mA/cm^2 时，(Ni-P)-ZrO$_2$ 复合电极的析氢电位与纯镍、Ni-P 电极分别正移了 458 mV、186 mV，而且 (Ni-P)-ZrO$_2$ 的表观交换电流密度 i_0 是纯镍电极的 46 倍、Ni-P 电极的 21 倍。因此，在合金中加 ZrO$_2$ 微粒能够明显提高电极的催化特性。复合电极具有较小的反应电阻、较大的比表面积及表面粗糙度是提高 (Ni-P)-ZrO$_2$ 电极催化性能的原因。黄令等[73]在 0.22 mol/L 硫酸镍、0.06 mol/L 钼酸钠、0.3 mol/L 柠檬酸钠、30 g/L PTFE 乳液的电解液（pH=9）中，温度 45℃，通以 10 mA/cm^2 的电流，在纯铜片上沉积出 (Ni-Mo)-PTFE 复合沉积层。从 XRD、XPS 表征结果表明，该复合沉积层属立方晶系，其点阵形式为面心点阵，晶胞参数 a 为 0.3573 nm，镍钼合金为固溶体结构，其 (111) 织构度 TC (111) 为 68%，表明该沉积层呈 (111) 择优取向。从 SEM 观察结果表明，沉积层含有 PTFE 时表面的粗糙度增大，PTFE 粒子以包埋的形式沉积于镀层中。循环伏安测试结果表明，该复合电极在 NaOH 溶液中对甲醇的电化学氧化具有催化活性。

稀土元素由于其独特的物理性能常用作析氢的电催化材料。1995 年，文献[74]报道了从电解液中制备具有较高析氢电催化材料 Ni-La 合金电极。吴俊等[75]在铜基体上电沉积制备了 Ni-Ce-P 复合电极材料，分析了不同材料的析氢行为，Ni-Ce-P 合金电极上析氢的速率比镍电极约大 1 个数量级。由此可知，镍电极中引入 Ce 和 P 之后，可增大电极对氢析出的催化作用。电势正移表明该电极对电极上的反应有催化作用，电势正移越多，催化作用越大。由此可见，Ni-Ce-P 合金电极对析氢反应有较高的电催化作用。

吴俊等[76]还同时制备了 Ni-La-P 合金电极，通过在 1 mol/L KOH 溶液中测量镍电极和 Ni-La-P 电极上析氢反应的极化曲线。实验结果也表明，与镍电极相比，Ni-La-P 合金电极具有较高的析氢催化活性，有利于降低槽电压，减少能耗。

近年来，科研人员陆续开发了具有电催化性能的合金基复合镀层还有 (Ni-P)-TiO$_2$[77]、(Ni-Co)-WC[78]、(Ni-Mo)-RuO$_2$[79]、(Ni-Co)-稀土[80]等。

人们发现利用复合电沉积技术，以 PbO_2、Tl_2O_3 等金属氧化物作基质材料，添加具有催化性能的 RuO_2、Co_3O_4 等固体微粒作分散相制备复合电极，在析氧反应中表现出良好的催化性能。Bertoncello 等[81]将 PbO_2-Co_3O_4 和 Tl_2O_3 复合电极作为阳极进行析氧反应。试验发现，虽然 Co_3O_4 含量对两种电极材料晶粒的成核和机制影响不尽相同，但是 Co_3O_4 的加入使得 PbO_2-Co_3O_4 获得较高的粗糙度，提高催化特性。除此之外，Co_3O_4 微粒的催化活性还有基质选择性的要求。Bertoncello 等[82]同时还在钛基体上分别制得 PbO_2-PbO_x 和 PbO_2-RuO_2 复合电极作析氧反应测试，得出结论：随着电极材料中 RuO_2 的增加，PbO_2-RuO_2 电极的催化活性先增加到一定阶段后保持稳定。通过比较两者的催化活性后还发现后者的粗糙度明显高于前者，催化性能更佳。

随着对氧化物基电极材料的深入研究，作为分散相的固体微粒有着多样化的趋势，除了常用 RuO_2、Co_3O_4 外，Fe_2O_3、Bi_2O_3、SnO_2 等微粒作为分散相材料也有报道。此外，分散微粒有一种发展到多种成分同时并存，应用在析氧反应中表现出较高的催化活性。

8.1.6 其他功能的复合镀层

为了节约能源，人们开发出具有催化功能的复合镀层。如天津大学研制的 Ni-ZrO_2、Ni-Al_2O_3、Ni-WC、Ni-MoS_2 等复合镀层。随后又开发出以半导体材料 ZrO_2、TiO_2 为分散介质而形成的 Ni-ZrO_2、Ni-TiO_2 复合镀层，该镀层具有光电转换效应。例如有些 Ni-荧光颜料复合镀层在紫外线照射下发出强烈而明亮的各色荧光，具有广阔的应用前景[83-84]。

另外，还有高温下耐磨与抗氧化复合镀层，此种镀层一般以 Co 为基质金属，以 SiC、Cr_3C_2、WC、ZrB_2 等为分散微粒，获得 Co-SiC、Co-Cr_3C_2、Co-WC、Co-ZrB_2 复合镀层。此种镀层在大气干燥、温度在 300~800℃ 的条件下，仍能保持优良的耐磨性能和高温抗氧化性。还有用于降低内应力的复合镀层，用作有机膜底层的复合镀层等[85-87]。

复合电沉积在生物材料上的应用取得了一定进展。王宙等[88]在 1Cr18Ni9Ti 基体上制备出 Ni-羧基磷灰石（HA）生物陶瓷材料，肖秀峰等[89]研制了 HA-TiO_2 复合镀层。此类生物材料具有优良的生物特性、生物相容性，能够诱导骨组织在其表面生长，并与骨组织形成良好的化学结合，可以作为人工齿和人工骨的置换材料。

师春生[90]等采用镀金属炭毡与环氧树脂、聚丙烯（PP）、ABS、聚苯乙烯（PS）、聚乙烯（PE）制备电磁屏蔽（EMS）复合材料。镀金属炭毡复合材料在 1~1000 MHz 范围内的屏蔽效率可达 40 dB 以上。

采用聚四氟乙烯等树脂,在复杂形状的金属或塑料表面施镀疏-憎水性复合镀层可以赋予材料的疏-憎水性能,广泛应用于对防氧化性、耐污染、疏油性、憎水性等要求较高的场合[91]。

利用电沉积技术还开发出具有夜光功能的复合镀层,例如镍基夜光颜料,这些复合材料具有吸光性、结合力强、耐蚀性好、对环境污染小等特点,可用在装饰、广告、节能等工程上。

8.2 未来的研究方向与发展前景

自从 1949 年起,美国复合电镀工艺从单金属单颗粒复合电镀工艺,发展到现在为满足特殊性能要求的合金、多种颗粒的复合电镀工艺[92-95],且手段与方法不断得到完善[96]。1966 年,复合化学镀试验开始,以化学镀镍-磷合金作为复合镀层的基质金属。制备以磷化层为基质,以 MoS_2 为镶嵌微粒的复合镀层,除在水溶液中沉积复合镀层之外,还可在非水溶液中沉积复合镀层。另外,既可以用挂镀法,也可以用滚镀法沉积复合镀层。我国于 20 世纪 70 年代开始研究复合电沉积技术,天津大学进行 Ni-金刚石复合镀层工艺的研究;哈尔滨工业大学开展了 Ni-Si、Fe-Al_2O_3、Fe-SiC 等复合镀层的电镀工艺研究;武汉材料保护研究所于 70 年代末 80 年代初开展了 Ni-氟化石墨和 Cu-氟化石墨复合电镀工艺的研究;天津大学开展了具有电接触功能复合镀电沉积工艺的研究,如 Au-WC、Au-MoS_2、Ag-La_2O_3、Ag-MoS_2 等。昆明理工大学于 90 年代初开展了多元复合电沉积工艺及技术的研究与开发工作,如 Ni-W-P-SiC、RE-Ni-W-P-SiC、RE-Ni-W-P-B_4C-PTFE、RE-Ni-W-B-SiC-MoS_2 等复合材料镀层[97-99],系统地研究了这些镀层的组织结构、耐磨、耐蚀以及抗氧化等性能[100-101]。

复合电沉积是近年来才发展起来的一种表面改性技术,虽然取得了一定的研究成果,但还有许多难题需要解决,电沉积机理还需深入探讨。此外,复合电沉积这种表面强化新工艺还没有大范围的推广应用,许多科研成果还停留在实验室水平,因此,在提高科研成果的转化率方面还应加大力度。在不久的将来,复合电沉积技术的研究和应用都会上一个新台阶。

利用复合电沉积技术可以获得许多具有特殊功能的复合材料镀层,如耐磨镀层、耐高温镀层、耐蚀镀层、高温耐磨镀层、高温耐磨耐蚀镀层、特殊装饰性彩色镀层、电接触功能的镀层等,在机械、磷化工、航空航天、汽车、卷烟、纺织、冶金、水电、电子以及核工业等部门有着广泛的应用前景。目前,国内外已开发出的电沉积复合材料镀层及应用详见表8-8。

表8-8 复合材料镀层及应用

种类	应用情况	特点
Ni-SiC	用于发动机的汽缸内腔	比纯镍耐磨性提高2倍
Co-Cr_3C_2	用于飞机发动机的活塞环、制动器	耐高温、耐磨
Ni-$(CF)_n$	用于连续铸钢的铸模上	自润滑、耐磨
Ni-SiC-$(CF)_n$	用于活塞和内燃机汽缸上	自润滑、耐磨
Ni-金刚石	用于砖头、锯片、工具	
Ni-W-P-SiC	用于卷烟机械的零部件上、化工机械的搅拌轴、阀门、输送管道等的表面保护	耐磨、耐蚀
RE-Ni-W-B-SiC		
RE-Ni-W-B_4C-MoS_2		
Au-WC	用于电子工业	耐磨
Ag-WC		

纳米材料在复合镀层中的应用大大提高了镀层的性能,并降低了生产成本,因此具有很好的发展前景。但是由于人们对纳米材料认识上的限制,纳米复合镀层还有待于我们进一步的探索,比如,微粒在镀液中的分散问题一直是个技术难题。另外,微粒与金属离子的共沉积机理和微粒在镀层中的行为和作用机制研究还需深入探讨。针对以上的问题,还有许多工作要做:

(1) 开发新的复合电镀体系及沉积方法,最大限度地发挥纳米微粒的独特性能,制备出高性能的复合镀层;

(2) 深入研究有效减弱纳米微粒团聚的相关技术;

(3) 加强微粒和金属离子沉积机理的研究,建立纳米复合镀层的数学模型等;

(4) 在提高科研成果的转化率方面还应加大力度,拓宽纳米复合镀层的应用领域。

参考文献

[1] GUO Z C, ZHU X Y, YANG X W. Thermodynamics of electrodeposited Ni-B-

SiC composite coating [J]. Transactions of Nonferrous Metals Society of China, 2001, 11 (5): 800-802.

[2] GUO Z C, ZHU X Y, YANG X W. Corrosion resistance of electrodeposited RE-Ni-W-P-SiC composite coating [J]. Transactions of Nonferrous Metals Society of China, 2001, 11 (3): 413-415.

[3] 胡以正. 热处理手册 [M]. 北京: 机械工业出版社, 1991.

[4] 郭忠诚. 稀土对复合镀工艺及镀层性能的影响 [J]. 金属学报, 1996, 32 (5): 516-518.

[5] GUO Z C, LIU H K, WANG Z Y. Properties and Process of Electroless Plating RE-Ni-B-SiC Composite Coatings [J]. Acta Metallurgica Sinica, 1995, 8 (2): 118-120.

[6] 吴玉程. 复合镀层的研究与应用 [J]. 新技术新工艺, 1990 (3): 25-28.

[7] 白晓军. 电沉积 Ni-SiC 复合镀层的耐磨性研究 [J]. 表面技术, 1995, 24 (6): 10-12.

[8] WHITE C, FOSTER J. On the mechanism of electroless plating II. One mechanism for different reductants [J]. Journal of Applied Electrochemistry, 1981, 59 (5): 8-10.

[9] 郭鹤桐, 张三元. 复合镀层 [M]. 天津: 天津大学出版社, 1991.

[10] 胡信国. Cr-SiC 复合电镀的工艺及性能 [J]. 电镀与环保, 1987, 7 (1): 8-10.

[11] CHAKRABORTY A, NAIR N M, ADEKAR A. Templated electroless nickel deposition for patterning applications [J]. Surface & Coatings Technology, 2019, 370 (1): 106-112.

[12] 车承焕. 复合镀层的研究现状与展望 [J]. 材料保护, 1991, 24 (9): 4-7.

[13] 郭忠诚, 李天培. 稀土在 Ni-P 和 Ni-B 基化学复合镀中的应用 [J]. 材料保护, 1993, 26 (5): 19-23.

[14] 白晓军. 化学镀 Ni-P-SiC 复合镀层的性能研究 [J]. 电镀与环保, 1994, 14 (1): 6-9.

[15] 郭忠诚. 电沉积 Ni-W-P-SiC 复合镀层的工艺研究 [J]. 有色金属 (季刊), 1994, 46 (4): 67-69.

[16] 翟金坤, 黄子勋. 化学镀镍 [M]. 北京: 北京航空学院出版社, 1987.

［17］WALKER R. Structure and Properties of Electrodeposited Metals［J］. International Metallurgical Reviews, 1974, 19（1）: 1 - 20.

［18］郭鹤桐, 刘淑兰, 王金根. 化学沉积新型复合材料的研究［J］. 电镀与精饰, 1991, 13（2）: 3 - 7.

［19］翟金坤, 黄子勋, 杨艳明, 等. 化学镀镍－磷、镍－磷－碳化硅和镍－磷－碳化硼的耐磨性能的研究［J］. 电镀与精饰, 1993, 13（4）: 3 - 8.

［20］钟花香. Ni-P-Al_2O_3化学复合镀工艺研究［J］. 表面技术, 1991, 20（6）: 8 - 10.

［21］靳新位. 化学镀 Ni-P 合金镀层的组织和性能研究［J］. 表面技术, 1996, 25（3）: 32 - 35.

［22］曾鹏, 林碧珠, 李金华. Ni-P-Cr_2O_3化学复合镀的研究［J］. 材料保护, 1992, 25（11）: 14 - 19.

［23］METZGER W, FLORIAN T H. The Deposition of Dispersion Hardened Coatings by Means of Electroless Nickel［J］. Transactions of the IMF, 1976, 54（1）: 174 - 177.

［24］TAY F E, HAIDER E. Laser sintered rapid tools with improved surface finish and strength using plating technology［J］. Journal of Materials Processing Technology, 2002, 121（2/3）: 318 - 322.

［25］ÁLVAREZ-AYUSO E, GARCIA-SÁNCHEZ A, QUEROL X. Purification of metal electroplating waste waters using zeolites［J］. Water Research, 2003, 37（20）: 4855 - 4862.

［26］赵国鹏. 化学镀 Ni-B-SiC 复合镀层的工艺及性能研究［J］. 电镀与环保, 1987, 7（3）: 1 - 5.

［27］郭忠诚. 化学镀 Ni-B-SiC 复合镀层的工艺及应用［J］. 材料保护, 1992, 25（5）: 34 - 37.

［28］郭忠诚. 化学镀 RE-Ni-B-SiC 复合镀层的工艺及性能研究［J］. 电镀与环保, 1993, 13（2）: 13.

［29］郭忠诚. 化学镀 Ni-B-Al_2O_3-RE 复合镀层的工艺及性能研究［J］. 电镀与涂饰, 1995, 14（4）: 154 - 157.

［30］吴丰. 化学镀 Ni-B-Al_2O_3复合镀层的工艺［J］. 表面技术, 1994, 23（4）: 154 - 156.

［31］KIRK R E, OTHMER D F. Encyclopaedia of chemical technology［J］. Interscience, 1967, 12 (1), 589-610.

[32] VEST G E. Electrodeposition of Ni-MoS$_2$ composite coating [J]. Metal Finishing, 1967 (11): 43-45.

[33] 乔希恩. 电沉积自润滑复合镀层工艺研究 [J]. 宇航材料工艺, 1987 (3): 35-41.

[34] 吴以南, 欧阳建, 程坚皓. 无电解镀镍-磷-氟化石墨分散镀层及其在模具上的应用 [J]. 电镀与环保, 1988, 8 (2): 11-15.

[35] 郭鹤桐, 唐致远. 电沉积 Ni-h-BN 和 Ni-(CF)$_n$ 复合镀层的性能研究 [J]. 电镀与精饰, 1984 (2): 1-4.

[36] ZHANG Y Y, EPSHTEYN Y, CHROMIK R R. Dry sliding wear behaviour of cold-sprayed Cu-MoS$_2$ and Cu-MoS$_2$-WC composite coatings: The influence of WC [J]. Tribology International, 2018, 123 (7): 296-306.

[37] 沃尔 L A. 氟聚合物 [M]. 晨光化工研究院, 译. 北京: 化学工业出版社, 1978.

[38] MANJUNATH V, RAGHAVENDRA C R. Optimization of Electrode position Process Parameters on Dry sliding wear behaviour of Ni-Al$_2$O$_3$ composite coatings by central composite design-CCD Approach [J]. International Journal of Engineering Science and Computing, 2016, 6 (6): 6881-6886.

[39] 何正山. 无电解复合镀镍-磷-聚四氟乙烯工艺 [J]. 材料保护, 1995, 28 (1): 16-18.

[40] 向军淮, 陈范才, 严旭辉. 铝材表面 Ni-MoS$_2$ 自润滑复合镀层及其性能 [J]. 材料保护, 2001, 34 (4): 21-23.

[41] 车如心, 曹魁. (镍-钼-磷)-聚四氟乙烯复合电沉积工艺研究 [J]. 大连铁道学院学报, 2002, 23 (4): 91-94.

[42] MIAO H J, PIROND L ORDER. Hardening in Nickle-Molybdenum and Nickel-Tungsten alloys [J]. Electrochim Acta, 1993, 12 (6): 214-216.

[43] 王立平, 高燕. 憎水性 Ni-PTFE 复合镀层的制备及其摩擦磨损性能的研究 [J]. 电镀与环保, 2004, 24 (5): 10-11.

[44] MASAYOSHI OSAMU, CHAMU TAKANO. Friction and wear characteristics of electroless Ni-P-PTFE composite coatings [J]. Plating &Surface Finishing, 1994, 81 (1): 48-50.

[45] 叶裕中, 秦德英, 钱晓芳. Au-Al$_2$O$_3$ 共沉积过程及其镀层特性 [J]. 电镀

与精饰,1994,16(4):4-8.

[46] 郭鹤桐,王兆勇,舒钰,等.新型电接触金基复合材料的研究[J].电子工艺技术,1984,(5):10-12.

[47] 郭鹤桐,唐致远,王兆勇,等.银-氧化镧复合电接触材料的研究[J].电子工艺技术,1985,(8):5-10.

[48] 蒋太祥,胡信国,王殿龙,等.新型节银电接触材料的研究[J].材料保护,1994,27(3):17-19.

[49] 凤仪,王文芳,王成福.电流密度对碳纤维铜石墨复合材料摩擦系数的影响[J].机械工程材料,2000,24(5):40-41.

[50] 颜士钦,许少凡,凤仪,等.碳纤维金属基复合材料的制造及其在电接触材料中的应用[J].材料科学与工程,1998,16(1):72-74.

[51] 徐金城,李晓龙,夏龙,等.短碳纤维增强铜基复合材料的制备及其性能的研究[J].兰州大学学报,2004,40(4):76.

[52] 沈晓虹,刘烈伟.电沉积锌基复合镀层的研究现状[J].材料开发与应用,2002,14(4):38-42.

[53] 李声泽.纳米电沉积最新发展简介[J].中国电镀材料信息,2002,2(1):1-3.

[54] 吕正茂,李成明,吕反修.金刚石复合镀层的现状[J].表面技术,2003,32(6):12-13.

[55] 吴元康,熊晓辉,于海梁,等.纳米晶金刚石组织粒子增强银基电接触复合镀层的研究[J].中国电镀材料信息,2002,2(6):64-68.

[56] 余焜,施智祥.银基金刚石复合镀层的性能研究[J].功能材料,2001,32(2):169-171.

[57] 姜晓霞,张天成,李诗卓,等.化学镀镍-磷层的腐蚀磨损[J].材料保护,1995,28(1):15-18.

[58] 郭忠诚,刘鸿康,王志英,等.电沉积RE-Ni-W-P-SiC复合镀层的性能[J].电镀与环保,1995,15(1):18-20.

[59] 孙冬柏,俞宏英,李久青,等.Ni-P合金镀层对321不锈钢应力腐蚀开裂的影响[J].材料保护,1993,26(11):15-18.

[60] 白晓军,王书君.Zn/Al_2O_3和Zn/SiO_2复合镀层的研制及其耐腐蚀性和结合力的研究[J].表面技术,1994,23(3):117-119+123-144.

[61] 李崇豪,李学军.提高模具寿命的新工艺——镍、钴、二氧化钴复合电

刷镀[J]. 机械工程材料, 1992, 16 (1): 50-53.

[62] 张恒, 张邦维, 谭肇升, 等. 化学复合镀非晶态 Ni-P-Al$_2$O$_3$ 合金的研究[J]. 机械工程材料, 1990, 14 (4): 36-40.

[63] 刘小兵, 王徐承, 陈煜, 等. 复合电沉积的最新研究动态[J]. 电化学, 2003, 9 (5): 117-120.

[64] KUNUGI Y, KUMADA R, NONAKA T, et al. Electro-organic reactions on a hydrophobic Ni/PTFE composite-plated nickel electrode [J]. Journal of Electroanalytical Chemistry, 1991, 313 (1/2): 215-225.

[65] KUNUGI Y, NONAKA T, CHONG Y B, et al. Polarization study on a hydrophobic Nickel PTFE composite-plated Nickel electrode [J]. Electrochim Acta, 1992, 37 (2): 353-354.

[66] KUNUGI Y, NONAKA T, CHONG Y B, et al. Preparation of ultrahydrobic electrodes and their electrochemical Properties [J]. Journal of Electroanalytical Chemistry, 1993, 353 (1/2): 209-215.

[67] KUNUGI Y, NONAKA T, CHONG Y B, et al. Preparation of hydrophobic zinc and lead electrodes and their application to electroreduction of organic compounds electro-organic reactions on organic electrodes. Electrolysis using composite-plated electrodes. Part IX. [J]. Journal of Electroanalytical Chemistry, 1993, 356 (1/2): 163-169.

[68] KUNUGI Y, CHAN P C, NONAKA T, et al. Electrolysis of Emulsions of Organic Compounds on Hydrophobic Electrodes [J]. Journal of The Electrochemical Society, 1993, 140 (10): 283-285.

[69] XU H D, ZOU M Z, CAO Z S, et al. Studies on preparation and electrocatalytical applications of Cu-PTFE composite electrodes [J]. Chemical Journal of Chinese University, 1995, 16 (1): 50-53.

[70] 王为, 郭鹤桐, 高建平, 等. Ni-ZrO$_2$ 复合镀层中界面轨道相互作用及析氢反应[J]. 材料研究学报, 1997, 11 (2): 143-147.

[71] IWAKURA C, FURUKAWA N, TANAKA M. Electrochemical preparation and characterization of Ni RuO$_2$ composite coatings as an active cathode for hydrogen evoluation [J]. Electrochim Acta, 1999, 37 (4): 757-758.

[72] 刘善淑, 成旦红, 应太林, 等. 电沉积 Ni-P-ZrO$_2$ 复合电极析氢电催化性能的研究[J]. 电镀与涂饰, 2001, 20 (6): 4-6.

[73] 黄令, 徐书楷, 汤皎宁, 等. Ni-Mo-PTFE 复合电极的制备及其对甲醇电氧化的催化性能 [J]. 应用化学, 1997, 14 (4): 21-23.

[74] 刘淑兰, 覃奇贤, 成旦红. 电沉积 Ni-La 合金上的阴极析氢行为 [J]. 应用化学, 1995, 12 (5): 115-116.

[75] 吴俊, 黄清安, 张浩. 水溶液中电沉积 Ni-Ce-P 上析氢电催化研究 [J]. 武汉汽车工业大学学报, 1999, 21 (5): 10-13.

[76] 吴俊, 黄清安, 陈永言. 水溶液中电沉积 Ni-La-P 合金的研究 [J]. 电镀与涂饰, 1999, 18 (2): 20-23.

[77] GIERLOTKA D, ROWINSKI E, BUDNIOK A, et al. Production and properties of electrolytic Ni-P-TiO2 composite layers [J]. Journal of Applied Electrochemistry, 1997, 27: 1349-1354.

[78] 朱龙章, 陈宇飞, 张庆元. (Ni-Co)-WC 复合电极的析氢催化性能 [J]. 应用化学, 1999, 16 (4): 52-54.

[79] 蔡乃才, 桂岳琼, 黄勤. 高比表面 Ni-Mo-RuO$_2$ 复合催化层析氢电极 [J]. 武汉大学学报, 1999, 45 (2): 157-159.

[80] 汪继红, 费锡明, 李违, 等. 稀土在电沉积镍-钴合金中的作用 [J]. 化学研究与应用, 2003, 15 (4): 20-24.

[81] OLEKSY M, BUDNOK A, NIEDBALA J, et al. Co-P-Sc$_2$O$_3$ layers for electrolytic oxygen evolution [J]. Electrochim Acta, 1994, 39 (16): 243-245.

[82] BERTONCELLO R, FURLANETTO F. Electrodeposited composite electrode materials: Effect of the concentration of the electrocatalytic dispersedphase on the electrode activity [J]. Electrochim Acta, 1999, 44 (23): 4061-4068.

[83] BERTONCELLO R, CATTARIN S, FRATEURI, et al. Preparation of anodes for oxygen evolution by electro-deposition of composite oxides of Pd and Ru on Ti [J]. J Electroanal Chem, 2002, 492 (2): 46-47.

[84] KEDWARD E C, ADDISON C A, TENNETT A A B. The development of a wear resistant electrodeposited composite coating for use on aero engines [J]. Transactions of the IMF, 1976, 54 (1): 8-16.

[85] SNAITH D W, GROVES P D. Some further studies of the mechanism of cermet electrodeposition: Part 2—Variable factors in the process of electrodeposition of metal-matrix composites [J]. Transactions of the IMF, 1978, 56

(1): 9 - 14.

[86] WHITE C, FOSTER J. Factors affecting the entrapment of Alumina particles during the electrodeposition of copper [J]. Transactions of the IMF, 1981, 59 (1): 8 - 12.

[87] JOHN D WATTS, MOHAWK DRIVE, CLINTON CONN. Surface finishing and plating method: US, 3959089 [P]. 1974 - 12 - 30 [1976 - 5 - 25].

[88] 王宙, 陈伟荣, 隋锦慧, 等. 电沉积镍-羟基磷灰石工艺研究 [J]. 材料保护, 2003, 36 (8): 31 - 35.

[89] 肖秀峰, 刘榕芳, 左友松, 等. 电沉积羟基磷灰石/TiO_2 复合涂层 [J]. 应用化学, 2004, 21 (7): 687 - 691.

[90] 师春生, 马铁军, 李家俊, 等. 镀金属炭毡/树脂复合材料的电磁屏蔽性能 [J]. 功能材料, 2001, 32 (3): 330 - 331.

[91] 王丽丽. 疏水性复合镀层工艺 [J]. 电镀与精饰, 2002, 24 (4): 40.

[92] SOUTER J W. Adhesive Wear properties of electrodeposited coatings for sliding contacts [J]. Transactions of the IMF, 1980, 58 (1): 145 - 149.

[93] GUGLIELMI N. Kinetics of the deposition of inert particles from electrolytic baths [J]. Journal of the Electrochemical Society. 1972, 119 (8): 1009 - 1012.

[94] GUO Z C, LIU H K, YANG X W. Properties of electrodeposited amorphous Ni-W-P-SiC composite coatings [J]. Acta Metallurgica Sinica, 1996, 9 (1): 44 - 48.

[95] 郭鹤桐, 舒钰, 唐致远. 金属陶瓷复合材料的电沉积 [J]. 电镀与环保, 1982 (6): 4 - 8.

[96] 郭忠诚, 朱晓云, 杨显万. 电沉积 RE-Ni-W-P-SiC 复合材料镀层的阴极过程 [J]. 材料保护, 2001, 34 (7): 6 - 9.

[97] 郭忠诚, 邓纶浩, 杨显万. 电沉积 RE-Ni-W-P-SiC-PTFE 复合材料的耐磨性研究 [J]. 材料保护, 2001, 34 (1): 4 - 6.

[98] 郭忠诚, 杨显万, 翟大成. 电沉积 RE-Ni-W-P-SiC 多功能复合材料的抗高温氧化性研究 [J]. 功能材料, 2000, 31 (6): 651 - 653.

[99] 郭忠诚, 邓纶浩, 杨显万. 电沉积 RE-Ni-W-P-SiC-PTFE 复合镀层的抗氧化性研究 [J]. 机械工程材料, 2001, 25 (4): 26 - 36.

[100] GUO Z C, ZHAI D C, YANG X W. Effects of rare earth on properties of

electrodeposited Ni-W-B-SiC composite coatings [J]. Transactions of Nonferrous Metals Society of China, 2000, 10 (4): 538 - 545.

[101] GUO Z C, YANG X W. Studies on properties of electrodeposited Ni-W and Ni-W-SiC composite deposits [J]. Journal Of Materials and Technology, 2000, 16 (4): 323 - 326.